电气自动化控制方式研究

万志宇 著

中国建材工业出版社

图书在版编目（CIP）数据

电气自动化控制方式研究 / 万志宇著. -- 北京 : 中国建材工业出版社, 2024. 8. -- ISBN 978-7-5160-4109-3

Ⅰ. TM921.5

中国国家版本馆CIP数据核字第2024MX2095号

电气自动化控制方式研究
dianqi zidonghua kongzhi fangshi yanjiu

万志宇　著

出版发行：中国建材工业出版社
地　　址：北京市海淀区三里河路1号
邮　　编：100044
经　　销：全国各地新华书店
印　　刷：北京传奇佳彩数码印刷有限公司
开　　本：787mm×1092mm　1/16
印　　张：13
字　　数：260千字
版　　次：2025年1月第1版
印　　次：2025年1月第1次
定　　价：78.00元

本社网址：www. jccbs. com，微信公众号：zgjcgycbs

本书如有印装质量问题，由我社市场营销部负责调换，联系电话：（010）88386906

PREFACE 前　言

电气自动化控制方式是指利用电气技术和自动化技术实现对生产过程、设备或系统的控制方法和手段。随着科技的不断进步，电气自动化控制方式在工业生产、交通运输、能源管理等领域得到了广泛应用，对提高生产效率、降低能耗、提升产品质量和安全性具有重要意义。传统的逻辑控制方式主要是通过逻辑门电路实现对设备或系统的控制，其优点是结构简单、可靠性高，但随着生产过程的复杂化和精密化，逐渐暴露出灵活性不足、扩展性差等问题。而现代的计算机控制方式则是利用计算机软硬件实现对设备或系统的控制，具有控制精度高、功能强大、可编程性强的特点，能够满足复杂生产过程的控制需求。电气自动化控制方式的研究还包括了不同的应用场景和技术创新。在工业生产中，电气自动化控制方式可以实现对生产线的智能化管理，提高生产效率和产品质量；在交通运输中，可以实现对交通信号、车辆和路况的智能控制，提高交通运输效率和安全性；在能源管理中，可以实现对能源的智能监测和控制，提高能源利用效率和减少能源浪费。

本书旨在系统介绍电气自动化控制的基础知识、传统与现代控制方式、设计与实施、优化与改进、应急与故障处理、应用领域以及发展趋势等内容，旨在帮助读者全面了解电气控制系统的理论与实践，提升电气自动化领域的实践能力与应用水平。全书共分为八章，包括第一章至第六章为基础篇，介绍了电气控制系统的基本概念、发展历程、组成与功能、分类与应用领域、传统与现代控制方式以及系统设计与实施等内容；第七章为应用篇，阐述了电气控制方式在工业自动化、智能建筑、交通运输、能源管理等领域的具体应用；第八章为展望篇，探讨了电气控制方式未来的发展趋势。本书适合电气自动化领域的工程师、技术人员及相关专业的学生阅读，也可作为相关专业教学参考书。在写作过程中，我们参考了大量相关文献资料，力求准确全面地呈现电气控制系统的知识体系，希望本书能够成为读者学习和研究电气控制领域的有力工具。

作者在写作本书的过程中，借鉴了许多前辈的研究成果，在此表示衷心的感谢。由于本书需要探究的层面比较深，作者对一些相关问题的研究不透彻，加之写作时间仓促，书中难免存在一定的不妥和疏漏之处，恳请前辈、同行以及广大读者斧正。

CONTENTS

目　录

第一章　电气自动化控制概述

第一节　控制系统基础概念

一、自动化

自动化是一种广泛应用于机器设备、生产过程和管理过程中的技术和理念，它使得系统能够在没有人直接参与的情况下，经过自动检测、信息处理、分析判断和操纵控制，实现预期的目标、目的或完成某种过程。简而言之，自动化是指机器或装置在无人干预的情况下按规定的程序或指令自动地进行操作或运行。

自动化技术的核心是在设备或系统中集成各种传感器、执行器和控制器，使其能够自动地感知、处理和执行任务。传感器用于检测环境中的各种物理量或参数，执行器用于实现对系统的控制和操作，而控制器则负责对传感器采集到的数据进行处理、分析和决策，从而实现对系统的自动化控制。自动化技术的应用领域非常广泛，涵盖了工业生产、制造业、物流运输、农业生产、能源生产等各个领域。在工业生产中，自动化技术可以实现生产线的自动化运行，提高生产效率和产品质量；在物流运输领域，自动化技术可以实现货物的自动分拣、装载和运输，提高物流效率和准确性；在农业生产中，自动化技术可以实现农业机械的自动化操作，提高农作物的种植和收获效率。随着人工智能和机器学习等技术的发展，自动化技术还逐渐涵盖了模拟或再现人的智能活动。例如，自动驾驶技术可以实现汽车的自动驾驶，智能机器人可以实现复杂任务的自动化执行，智能家居系统可以实现对家居设备的自动化控制等。

自动化技术是一种非常重要和有广泛应用前景的技术，它能够实现设备和系统的自动化运行和控制，提高生产效率、产品质量和工作效率，减少人力成本和资源浪费，推动各个行业向着智能化、高效化和可持续发展的方向发展。随着技术的不断进步和创新，自动化技术将继续发挥着重要的作用，并在各个领域带来更多的创新和发展。

二、自动化的支柱技术

（一）信息处理

自动化的支柱技术之一是信息处理。信息处理在自动化中扮演着至关重要的角色，它涉及到对各种数据和信息进行采集、传输、处理和分析，以支持自动化系统的运行和控制。以下是对自动化中信息处理的重要性以及其在自动化系统中的作用的详细论述。

信息处理是自动化系统中数据获取和传输的基础。自动化系统通常需要从各种传感器和设备中获取大量的数据和信息，如温度、压力、流量、位置等。信息处理技术能够实现对这些数据的实时采集和传输，将其送入控制系统进行处理和分析，为系统的运行和控制提供实时的数据支持。信息处理支持自动化系统的决策和控制。通过对采集到的数据进行处理和分析，自动化系统可以实现对系统状态的监测和诊断，预测系统的运行趋势，从而做出相应的决策和控制策略。例如，在工业生产中，信息处理技术可以实现对生产过程的实时监控和优化调度，提高生产效率和产品质量。信息处理还支持自动化系统的故障诊断和维护管理。通过对系统运行过程中产生的数据进行处理和分析，自动化系统可以及时发现和诊断系统的故障和异常，预测设备的寿命和维护周期，提前采取相应的维护措施，避免设备的停机和损坏，保障系统的稳定运行。信息处理技术的发展也为自动化系统的智能化和网络化提供了重要支持。随着人工智能、大数据和云计算等技术的发展，自动化系统能够实现对数据的智能化处理和分析，提高系统的智能化水平和决策能力。同时，信息处理技术还可以实现自动化系统之间的数据共享和交互，实现对整个生产和管理过程的集成和优化。

信息处理是自动化系统中的重要支柱技术之一，它支持自动化系统的数据获取、传输、处理和分析，为系统的运行、控制、故障诊断和维护管理提供了重要支持。随着信息处理技术的不断发展和创新，自动化系统将能够更好地适应复杂和多变的生产和管理需求，实现对系统的智能化、网络化和优化运行。

（二）自动控制

自动控制是与自动化密切相关的一个重要术语，它涉及到受控系统的分析、设计和运行的理论和技术。虽然自动控制与自动化有着密切的联系，但它们之间也存在一定的区别。自动化主要研究的是人造系统的控制问题，而自动控制更加广泛，涵盖了对各种受控系统的控制。

自动控制关注的是对各种受控系统的控制，而不局限于人造系统。这些受控系统可以是工业生产中的机器设备，也可以是自然界中的物理、化学、生物系统，甚至是社会经济系统等。自动控制的理论和技术适用于各种不同类型的系统，包括连续系统、离散系统、线性系统、非线性系统、确定性系统和不确定性系统等。自动控制涉及到对受控系统的分析、设计和运行。在自动控制领域，人们研究如何通过设计控制器或控制策略，使得受控系统能够在给定的性能指标下实现所需的控制目标。这包括对系统动态特性的建模和分析、控制器的设计和参数调节、控制系统的稳定性和性能分析等方面。自动控制与自动化之间的关系在于，自动控制是实现自动化的重要手段之一。自动化的目标是实现系统的自动化运行和控制，而自动控制提供了实现这一目标所需的理论和技术支持。通过自动控制，人们可以设计出各种智能化的控制系统，实现对受控系统的自动化运行和精确控制，从而提高生产效率、产品质量和工作效率。

自动控制是与自动化密切相关的一个重要领域，它涉及到对各种受控系统的控制问题的理论和技术研究。通过自动控制，人们可以设计出各种智能化的控制系统，实现对受控系统的自动化运行和精确控制，从而推动各个领域向着智能化、高效化和可持续发展的方向发展。

三、自动控制系统

自动控制系统是物理学的一部分，其本质目的是研究物质运动的规律。它通过数学表征形式，即运动微积分方程，来描述系统的运动过程和规律。而自动控制的主要目标则是利用信息技术和控制管理中的优化理论，以实现对系统的部分取代或扩展人的体力活动和脑力活动。以下将详细论述自动控制系统的本质、数学表征形式以及其应用于取代或扩展人的活动的重要性。

自动控制系统的本质是研究物质运动规律。物质运动规律涉及到各种系统的动态行为和相互作用，如机械系统、电气系统、液压系统等。自动控制系统通过对系统的动态行为进行建模和分析，以求得系统的运动微积分方程，从而揭示了系统的运动规律和特性。自动控制系统采用信息技术和控制管理中的优化理论，以实现对系统的控制和管理。信息技术的应用使得自动控制系统能够实时地获取、处理和传输系统的运行数据，控制管理中的优化理论则提供了优化控制算法和策略，使得系统能够以更加高效和优化的方式进行控制和管理。关于数学表征形式，自动控制系统通常采用运动微积分方程来描述系统的动态行为和规律。这些微积分方程包括常微分方程和偏微分方程，用来描述系统的运动过程和状态变化。通过对这些方程的求解和分析，可以得到系统的动态特性和响应性能，为系统的控制和优化提供理论基础。自动控制系统的应用使得人们能够部分取代或扩展人的体力活动和脑力活动。在工业生产、交通运输、医疗保健、农业生产等领域，自动控制系统的广泛应用已经取得了显著的成果。例如，在工业生产中，自动控制系统可以实现对生产线的自动化操作和管理，提高了生产效率和产品质量；在交通运输中，自动驾驶技术可以实现车辆的自动驾驶，提高了交通安全性和运输效率；在医疗保健中，自动化设备可以实现对医疗器械和药品的自动化管理和配送，提高了医疗服务的质量和效率。

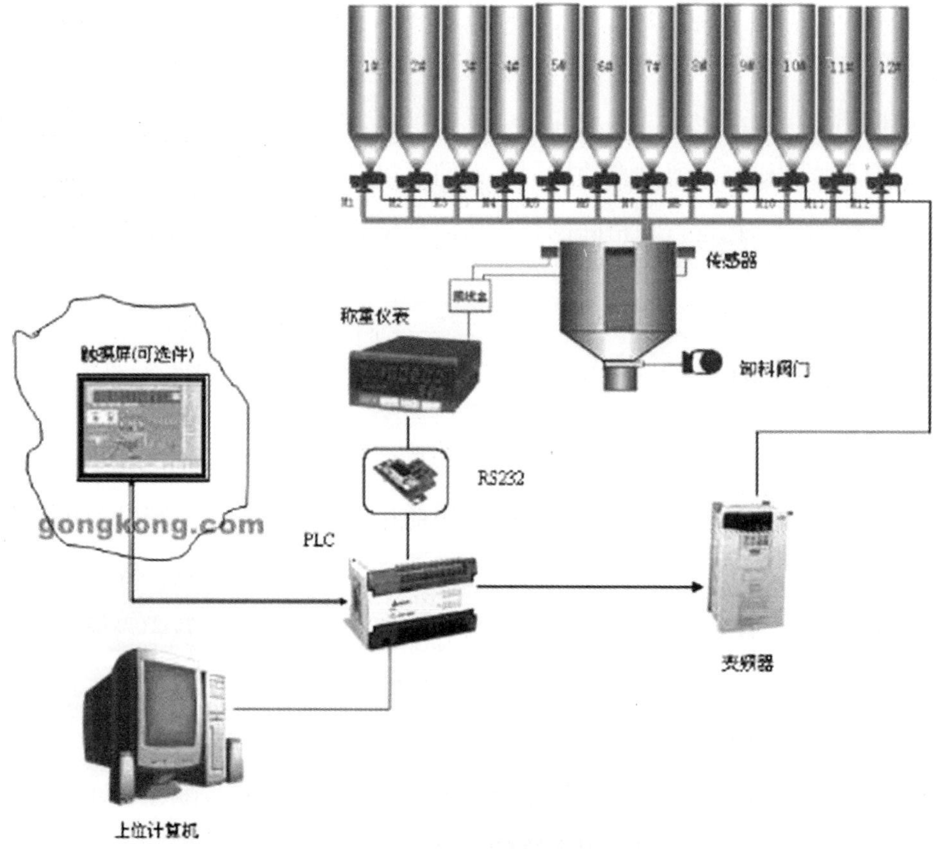

图 1　自动控制系统原理图

自动控制系统作为物理学的一部分，通过数学表征形式来描述系统的运动规律，其应用通过信息技术和优化理论来实现对系统的控制和管理，从而实现对人的活动的部分取代或扩展。随着自动控制技术的不断发展和创新，相信它将在未来更广泛地应用于各个领域，为人类创造出更加智能和便利的生活和工作环境。

四、控制系统的基本方式

（一）开环控制系统

开环控制系统是一种基本的控制系统结构，其特点是系统的输出不会影响控制过程，因为系统在运行过程中没有反馈回路将输出信息返回到控制器。在开环控制系统中，控制器仅根据预先设定的输入量和系统的输出期望值进行控制，而不考虑系统的实际输出情况。

开环控制系统的特点是控制过程中缺乏对系统输出的实时监测和调节。控制器仅根据预先设定的输入量来驱动系统，而无法对系统输出进行实时反馈和修正。这种单向的控制结构简单直观，适用于一些对控制精度要求不高的场景。开环控制系统常见于一些简单的工业生产过程和家用电器中。例如，家用热水器、电风扇等设备通常采用开环控制系统，控制器根据用户设定的温度或风速来控制设备的工作状态，而无需实时监测环境温度或风速。开环控制系统也存在一些明显的缺点。由于缺乏对系统输出的实时监测和调节，系统容易受到外部干扰和内部变化的影响，导致控制精度不高。其次，开环控制系统对系统参数变化和外部干扰的鲁棒性较差，难以适应复杂多变的控制环境。开环控制系统仍然具有一定的应用价值。在一些简单的工业生产过程和家用电器中，开环控制系统可以实现简单、经济的控制方案，满足基本的控制需求。此外，在一些对控制精度要求不高的场景，如家庭环境控制、灯光调节等方面，开环控制系统也可以发挥作用。开环控制系统是一种简单直观的控制结构，适用于一些简单的控制场景。尽管其缺乏对系统输出的实时监测和调节，但在一些特定的应用领域仍然具有一定的应用价值。

（二）闭环控制系统

闭环控制系统是一种基于反馈机制的控制系统结构，其特点是系统的输出量通过反馈回路返回到控制器，用于实时监测系统输出并对控制过程进行调节和修正。与开环控制系统相比，闭环控制系统具有更高的控制精度和鲁棒性，适用于许多复杂的工业自动化和控制场景。

闭环控制系统通过反馈回路实现对系统输出的实时监测和调节。控制器接收来自系统输出的反馈信号，并与设定值进行比较，根据误差信号来调节系统的输入，使系统的实际输出尽可能接近设定值。这种反馈机制能够有效地抑制系统的误差和干扰，提高了系统的控制精度和稳定性。闭环控制系统广泛应用于工业自动化和控制领域。例如，在生产线上的自动化装配系统、化工生产过程中的温度控制系统、航空航天领域的飞行控制系统等方面，闭环控制系统都发挥着重要作用。这些系统需要对系统输出进行实时监测和调节，以确保系统能够稳定运行并满足生产要求。与开环控制系统相比，闭环控制系统具有许多优点。首先，闭环控制系统能够实时响应系统的变化和干扰，具有较高的控制精度和稳定性。其次，闭环控制系统对系统参数变化和外部干扰具有一定的鲁棒性，能够适应复杂多变的控制环境。此外，闭环控制系统还具有良好的自适应能力和抗干扰能力，能够有效地应对各种控制挑战。闭环控制系统也存在一些缺点。首先，闭环控制系统的设计和调试相对复杂，需要考虑系统的稳定性和性能指标，并进行合适的控制器设计和参数调节。其次，闭环控制系统的实时响应和调节需要消耗一定的计算和控制资源，可能会增加系统的成本和复杂度。闭环控制系统是一种基于反馈机制的控制系统结构，通过实时监测系统输出并对控制过程进行调节和修正，以提高系统的控制精度和稳定性。在工业自动化和控制领域，闭环控制系统具有广泛的应用前景，将为各个行业带来更高效、更稳定的控制方案。

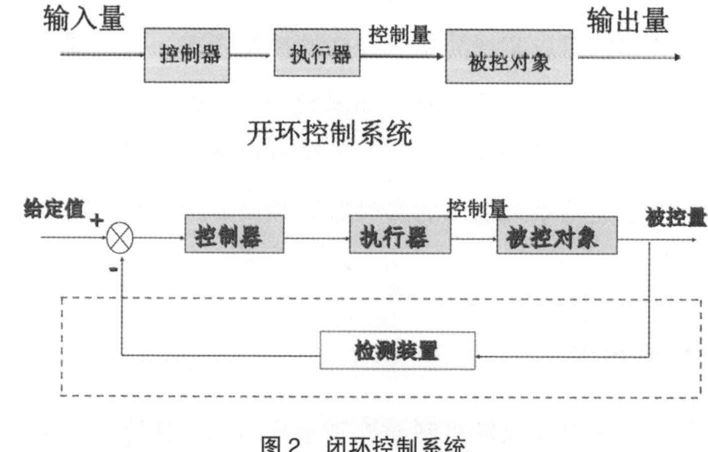

图2 闭环控制系统

（三）复合控制系统

复合控制系统是一种将开环控制系统和闭环控制系统结合起来的控制方案，旨在实现复杂且精度较高的控制任务。通过合理地组合开环控制和闭环控制两种方式，复合控制系统能够充分发挥各自的优势，实现更加经济和性能更好的控制效果。复合控制系统能够充分利用开环控制和闭环控制两种方式的优势。开环控制系统具有结构简单、成本低廉的特点，适用于一些简单的控制任务；而闭环控制系统能够实现对系统的实时监测和调节，具有较高的控制精度和稳定性。通过将两种方式合理地结合起来，复合控制系统能够在保证控制性能的同时，降低系统成本和复杂度。复合控制系统适用于一些复杂且精度要求较高的控制任务。例如，在工业生产过程中的精密加工和装配、自动化生产线的控制和管理等方面，通常需要实现对系统输出的精确控制和实时监测。此时，可以采用闭环控制系统来实现对系统的实时调节，并辅以开环控制系统来提高系统的鲁棒性和稳定性。复合控制系统的设计原则包括合理选取开环控制和闭环控制的结构和参数，并实现两者之间的协调配合。例如，在设计复合控制系统时，需要考虑系统的稳定性、响应速度、鲁棒性和成本等因素，选择合适的控制器结构和参数，以实现系统的最优性能。

复合控制系统能够实现对复杂且精度较高的控制任务，但其设计和调试相对复杂，需要充分考虑系统的各种因素和要求，并进行合理的参数设计和调节。此外，复合控制系统还需要考虑系统的稳定性和性能指标，以确保系统能够满足实际应用的要求。复合控制系统是一种将开环控制和闭环控制结合起来的控制方案，旨在实现复杂且精度较高的控制任务。通过合理地组合两种控制方式，并充分考虑系统的各种因素和要求，复合控制系统能够实现更经济、更稳定和更高效的控制效果，为各个行业带来更好的控制方案。

第二节　电气自动化控制发展历程

一、控制理论发展初期

在自动控制领域的发展历史中，18 世纪的詹姆斯·瓦特（James Watt）为控制蒸汽机速度设计的离心调节器可以被视为该领域的第一项重大成果。这一成就为后来自动控制理论的发展奠定了基础。随着时间的推移，越来越多的学者开始对自动控制理论进行深入研究，并做出了重大贡献。在控制理论发展初期，迈纳斯基（Minorsky）、黑曾（Hezen）和奈奎斯特（Nyquist）等学者的工作对自动控制领域的发展产生了深远影响。其中，迈纳斯基于1922年研制出的船舶操纵自动控制器是自动控制领域的一项重大创新。他不仅成功地应用了控制理论到实际船舶操纵中，还证明了如何从描述系统的微分方程中确定系统的稳定性，为后来的控制理论研究奠定了基础。而在1932年，奈奎斯特提出了一种相当简便的方法，即奈奎斯特准则，该准则根据对稳态正弦输入的开环响应来确定闭环系统的稳定性。这一方法极大地简化了对系统稳定性的分析和判断，为控制系统的设计和优化提供了重要依据。黑曾于1934年提出了用于位置控制系统的伺服机构的概念，并讨论了可以精确跟踪变化的输入信号的机电式伺服机构。这一概念为后来伺服控制系统的设计和应用提供了重要思路，极大地推动了自动控制技术的发展。

詹姆斯·瓦特的离心调节器、迈纳斯基的船舶操纵自动控制器、奈奎斯特的奈奎斯特准则以及黑曾的伺服机构概念，都是自动控制领域中的重要里程碑，为自动控制理论的发展和应用提供了坚实的基础，并对后来的自动控制技术产生了深远的影响。

二、 20世纪40年代

在20世纪40年代，频率响应法为工程技术人员设计满足性能要求的线性闭环控制系统提供了一种可行的方法。频率响应法基于对系统的频率响应进行分析和设计，通过研究系统在频率域上的行为来确定其稳定性和性能特征。这种方法使工程师能够通过调节系统的频率响应来实现所需的控制性能，为线性闭环控制系统的设计提供了一种有效的工具。随着时间的推移，从20世纪40年代末到50年代初，伊凡思（Evans）提出并完善了根轨迹法。根轨迹法是一种图形法，通过绘制系统极点在复平面上随参数变化的轨迹来分析系统的稳定性和性能。这种方法直观且易于理解，使工程师能够快速评估系统的稳定性和性能，并进行有效的设计和调整。频率响应法和根轨迹法作为古典控制理论的核心方法，为工程师设计稳定且满足性能要求的控制系统提供了强大的工具。通过这两种方法设计出来的系统通常能够满足一组适当的性能要求，而且在很大程度上是令人满意的。然而，这些系统并不总是最佳的，它们可能存在一些局限性，如控制性能不足或者系统结构复杂等。随着 20 世纪 50 年代末期的到来，控制系统设计问题的重点逐渐从设计多种可行系统中的一种转变为设计在某种意义上的最佳系统。工程师开始关注如何通过优化设计方法来实现控制系统的最佳性能，从而提高系统的效率、稳定性和鲁棒性。这一转变推动了现代控制理论的发展，引入了诸如优化控制、自适应控制等新的设计方法，为控制系统的性能提升开辟了新的途径。

三、现代控制系统

自 20 世纪 60 年代起，数字计算机的出现为控制系统的时域分析提供了新的可能性，这标志着现代控制理论的兴起。通过数字计算机，工程师们能够更准确地模拟和分析复杂系统的行为，并设计出更有效的控制策略。基于此，利用状态变量和基于时域分析的现代控制理论迅速发展起来，以适应现代设备日益增加的复杂性，并满足军事、空间技术和工业应用领域对精确度、重量和成本的严格要求。从 20 世纪 60 年代到 80 年代初，现代控制理论经历了蓬勃的发展。在这段时间里，研究重点包括精确性系统的最优控制、随机系统的最优控制，以及复杂系统的自适应和学习控制。工程师们致力于开发能够适应系统动态变化和外部扰动的先进控制算法，以提高系统的性能和鲁棒性。自 20 世纪 80 年代以来，现代控制理论的研究重点逐渐转向了鲁棒控制、H-infinity 控制及其相关课题。鲁棒控制旨在设计具有较强鲁棒性的控制器，能够在系统参数变化或外部扰动下保持稳定性和性能。H-infinity 控制则是一种优化控制方法，通过最小化系统的 H-infinity 范数来设计控制器，以实现对系统动态特性的优化。在现代控制理论的发展过程中，数字计算机技术的不断进步为控制系统的设计和实现提供了强大的支持。同时，随着对控制系统性能和鲁棒性要求的不断提高，现代控制理论也在不断演进和完善，为各种复杂系统的控制提供了更加高效和可靠的解决方案。

从 20 世纪 80 年代到现在，现代控制理论的发展侧重于鲁棒控制和 H-infinity 控制等相关课题。鲁棒控制的研究旨在设计能够在面对系统参数变化、外部扰动或建模误差等不确定性时保持稳定性和性能的控制器。这种方法的重点是提高控制系统对各种不确定因素的鲁棒性，从而确保系统在实际应用中具有可靠的性能。另一方面，H-infinity 控制方法是一种优化控制方法，它通过最小化系统的 H-infinity 范数来设计控制器，以实现对系统动态特性的优化。这种方法通常应用于要求对系统的性能进行全面优化的复杂控制系统中，例如飞行器、机器人和工业自动化系统等。在现代控制理论的研究中，不仅关注控制系统的性能优化，还越来越重视控制系统的实时性、鲁棒性和可靠性。随着科技的发展和应用领域的不断扩展，现代控制理论的研究也涉及到了更多的交叉学科，如计算机科学、人工智能和机器学习等领域，以应对日益复杂的控制问题和挑战。现代控制理论在过去几十年里取得了巨大的进步和成就，为各种领域的自动化和控制系统提供了有效的解决方案。随着科学技术的不断进步和应用需求的不断变化，现代控制理论将继续发展和演进，为人类社会的进步和发展做出更大的贡献。

第三节　控制系统的组成与功能

一、控制系统的组成

（一）测量元件

测量元件在控制系统中扮演着至关重要的角色，其职能是检测被控制的物理量，无论是温度、压力、流量还是其他各种物理量。当被控制的物理量是非电量时，测量元件的任务就是将这些物理量转换为电量，以便控制系统能够处理和分析这些信息。

测量元件的主要职能是实时地检测被控制系统的物理量。这些物理量可以是温度、压力、流量、位置、速度等，取决于所控制的系统的特性和要求。通过测量元件，控制系统能够获得关于被控制系统当前状态的信息，从而进行后续的控制动作。当被控制的物理量是非电量时，测量元件需要将这些物理量转换为电信号。这种转换通常通过传感器或转换器来实现，其原理可以是基于电阻、电容、电感、霍尔效应等。转换为电信号后，这些物理量就可以在控制系统中被处理、分析和控制，为系统提供必要的反馈信息。测量元件的准确性和可靠性对于控制系统的性能至关重要。如果测量元件提供的数据不准确或不可靠，可能导致控制系统的输出不稳定、误差累积或失控。因此，选择合适的测量元件并确保其准确性和可靠性对于控制系统的正常运行至关重要。测量元件的响应速度也是一个重要考量因素。快速的响应速度可以使控制系统更及时地对系统状态变化做出反应，从而提高系统的动态性能和控制精度。因此，在选择测量元件时，需要考虑其响应速度是否满足系统要求。测量元件在控制系统中的作用至关重要。它们不仅能够实时检测被控制系统的物理量，还能够将非电量转换为电量，为控制系统提供必要的反馈信息，从而实现对系统的有效控制和调节。选择合适的测量元件并确保其准确性、可靠性和响应速度是保证控制系统正常运行和性能优良的关键因素。

（二）给定元件

这句话描述了控制系统中另一个重要的元件：比较器或称为比较元件。这种元件的职能是根据预期的被控量与实际的被控量之间的差异，产生相应的控制信号或系统输入量，以实现对被控系统的调节和控制。

比较器的主要职能是检测被控系统的实际输出值与预期输出值之间的差异。被控系统的预期输出值通常是由控制系统设定的目标或期望值，而实际输出值则是由测量元件获得的被控量的实际值。比较器通过对这两个值进行比较，得出它们之间的差异，从而确定控制系统应该采取的调节措施。根据预期输出值与实际输出值之间的差异，比较器产生相应的控制信号或系统输入量。这些控制信号可以是电压、电流或数字信号等形式，用于调节被控系统的执行部件，使其趋向于预期输出值。比如，如果实际输出值小于预期输出值，则比较器可能产生一个增加系统输入量的控制信号，以使实际输出值向预期输出值靠近。比较器在控制系统中起着至关重要的作用。它们提供了一个反馈机制，使得控制系统能够实时地监测和调整被控系统的状态，以使其保持在期望的范围内。这种反馈机制能够帮助控制系统应对外部干扰、系统参数变化和工作环境变化等因素的影响，从而提高系统的稳定性和性能。比较器的准确性和可靠性对于控制系统的性能至关重要。如果比较器产生的控制信号不准确或不可靠，可能导致控制系统的输出不稳定、误差累积或失控。因此，选择合适的比较器并确保其准确性和可靠性对于控制系统的正常运行至关重要。比较器是控制系统中至关重要的元件之一。它们通过检测实际输出值与预期输出值之间的差异，产生相应的控制信号或系统输入量，实现对被控系统的调节和控制。选择合适的比较器并确保其准确性和可靠性是保证控制系统正常运行和性能优良的关键因素。

（三）比较元件

比较元件在控制系统中扮演着至关重要的角色，其职能是将测量元件检测到的被控量的实际值与给定元件给出的参考值进行比较，从而确定它们之间的偏差。这种偏差信息将用于控制系统中的进一步处理，以实现对被控系统的调节和控制。比较元件的主要职能是比较实际测量值与预期参考值之间的差异。实际测量值是由测量元件检测到的被控量的实际值，而预期参考值则是由给定元件给出的期望值或参考值。比较元件将这两个值进行比较，得出它们之间的差异，即偏差。这种偏差信息对于控制系统来说是至关重要的，它指示了被控系统当前状态与期望状态之间的差距，为控制系统提供了调节的方向。常用的比较元件包括差动放大器、机械差动装置、电桥电路等。这些比较元件根据被控量的类型和控制系统的要求，采用不同的工作原理和电路结构，以实现对实际测量值和参考值的比较。例如，差动放大器通过放大两个输入信号之间的差值，产生一个输出信号，代表着两个输入信号之间的差异。机械差动装置则通过机械结构的运动来实现对两个输入量的比较。比较元件在控制系统中的重要性不言而喻。它们提供了一个反馈机制，使得控制系统能够实时地监测和调整被控系统的状态，以使其保持在期望的范围内。这种反馈机制能够帮助控制系统应对外部干扰、系统参数变化和工作环境变化等因素的影响，从而提高系统的稳定性和性能。比较元件的准确性和可靠性对于控制系统的性能至关重要。如果比较元件产生的偏差信息不准确或不可靠，可能导致控制系统的输出不稳定、误差累积或失控。因此，选择合适的比较元件并确保其准确性和可靠性对于控制系统的正常运行至关重要。比较元件是控制系统中至关重要的元件之一。它们通过比较实际测量值与预期参考值之间的差异，为控制系统提供了调节的反馈信息，实现对被控系统的有效控制和调节。选择合适的比较元件并确保其准确性和可靠性是保证控制系统正常运行和性能优良的关键因素。

（四）放大元件

放大元件在控制系统中扮演着至关重要的角色，其职能是将比较元件给出的偏差信号进行放大，以便推动执行元件对被控对象进行调节和控制。放大元件的主要职能是对比较元件给出的偏差信号进行放大。比较元件通常产生的是一个相对较小的偏差信号，而放大元件的任务就是将这个偏差信号进行放大，使其具有足够的能量和力量，能够驱动执行元件对被控对象进行调节和控制。放大元件通常采用放大器或放大电路来实现对信号的放大。放大元件产生的放大信号将用来推动执行元件去控制被控对象。执行元件可以是阀门、电机、液压缸等，其作用是根据放大信号的大小和方向来调节被控对象的状态或性能。例如，如果放大信号表示需要增加控制量，执行元件可能会打开阀门、加大电机转速或增加液压缸的压力，以使被控对象朝着预期的状态或性能调节。放大元件在控制系统中的重要性不言而喻。它们起着桥梁的作用，将比较元件提供的偏差信号转化为具有足够能量的控制信号，从而实现对被控对象的调节和控制。放大元件的性能直接影响到控制系统的灵敏度、稳定性和控制精度。因此，选择合适的放大元件并确保其性能稳定、响应迅速是保证控制系统正常运行的关键因素之一。放大元件的设计和调试也需要充分考虑控制系统的工作环境、负载要求、功率需求等因素。在实际应用中，放大元件通常需要根据被控对象的特性和要求进行定制设计，以确保其能够满足控制系统的性能和稳定性要求。放大元件是控制系统中至关重要的元件之一。它们负责将比较元件产生的偏差信号进行放大，以推动执行元件对被控对象进行调节和控制。选择合适的放大元件并确保其性能稳定、响应迅速是保证控制系统正常运行和性能优良的关键因素之一。

（五）执行元件

执行元件在控制系统中扮演着至关重要的角色，其职能是直接推动被控对象，使其被控量发生变化。这些被控对象可以是阀门、电机、液压缸等，执行元件通过改变它们的状态、位置或参数，实现对被控对象的调节和控制。执行元件的主要职能是根据控制信号的指示，直接推动被控对象进行相应的调节和控制。控制信号通常来自于放大元件，表示了对被控对象的调节要求，比如增加、减少或维持其某个状态或参数。执行元件根据这些控制信号的大小和方向，改变自身的状态或输出，从而使被控对象的被控量发生相应的变化。执行元件的种类和工作原理各异，取决于被控对象的特性和要求。例如，对于阀门来说，执行元件可能是一个电磁阀或气动阀，通过改变阀门的开度来调节流体的流量或压力；对于电机来说，执行元件可以是一个直流电机或交流电机，通过改变电机的转速或转矩来调节驱动的设备或机械；对于液压缸来说，执行元件可以是一个液压阀或电液伺服阀，通过改变液压缸的活塞位置或油液压力来控制执行部件的运动。执行元件在控制系统中的重要性不言而喻。它们直接负责将控制信号转化为实际的动作或行为，实现对被控对象的调节和控制。执行元件的性能直接影响到控制系统的响应速度、准确性和稳定性。因此，选择合适的执行元件并确保其性能稳定、可靠性高是保证控制系统正常运行和性能优良的关键因素之一。执行元件的设计和调试也需要充分考虑被控对象的特性和要求。在实际应用中，执行元件通常需要根据被控对象的工作环境、负载要求、精度需求等因素进行定制设计，以确保其能够满足控制系统的性能和稳定性要求。执行元件是控制系统中至关重要的元件之一。它们负责直接推动被控对象进行调节和控制，实现对控制系统目标的达成。选择合适的执行元件并确保其性能稳定、可靠性高是保证控制系统正常运行和性能优良的关键因素之一。

（六）校正元件

校正元件，又称为“补偿元件”，在控制系统中扮演着关键的角色。其主要职能是通过串联或反馈的方式连接在系统中，用于调整系统的结构或参数，从而改善系统的性能。校正元件通过对控制系统进行结构或参数的调整，以改善系统的性能。控制系统在实际应用中可能会受到各种因素的影响，如环境变化、负载波动、系统漂移等，这些因素可能导致系统的性能下降或失效。校正元件可以通过调整系统的结构或参数，来抵消这些影响，从而提高系统的稳定性、精度和可靠性。校正元件通常通过串联或反馈的方式连接在系统中。串联方式是将校正元件直接连接到控制系统中的某个部件或组件，以实现对该部件或组件的调节或补偿。反馈方式是将校正元件连接到系统的反馈回路中，根据系统输出与期望输出之间的差异来调整系统的输入或参数，以实现对系统整体性能的优化。校正元件的重要性在于它们能够帮助控制系统克服各种不利因素，保持稳定的工作状态。例如，在温度控制系统中，校正元件可以用来补偿传感器的温度漂移，以确保系统能够准确地测量和控制温度。在液压系统中，校正元件可以用来调整液压阀的工作参数，以适应不同工作负载和环境条件。校正元件的设计和调试需要充分考虑控制系统的特性和要求。在实际应用中，校正元件通常需要根据系统的工作环境、负载要求、精度需求等因素进行定制设计，以确保其能够满足系统的性能和稳定性要求。校正元件是控制系统中至关重要的元件之一。它们通过调整系统的结构或参数，改善系统的性能，提高系统的稳定性、精度和可靠性。选择合适的校正元件并确保其性能稳定、可靠性高是保证控制系统正常运行和性能优良的关键因素之一。

二、控制系统的功能

（一）测量和感知

在控制系统中，获取与所监控系统或过程状态相关的信息是至关重要的。这一过程通常依赖于传感器、仪器或其他数据采集设备，用于测量各种变量，如温度、压力、速度、位置等。传感器是控制系统中最常用的信息获取设备之一。传感器能够将物理量转换成可用于系统处理的电信号，例如温度传感器、压力传感器、流量传感器等。这些传感器广泛应用于工业自动化、环境监测、医疗诊断等领域，为控制系统提供了实时、准确的数据，为系统的运行和调节提供了基础。仪器设备也是控制系统中重要的信息获取手段之一。与传感器相比，仪器设备通常用于对更复杂的物理量进行测量和分析，例如光谱仪、质谱仪、分析仪等。这些设备能够提供更加详细和深入的信息，对于一些特定的工业生产过程或科学研究具有重要意义。除了传感器和仪器设备，还有其他数据采集设备，如相机、扫描仪等，也在某些场合下发挥着重要作用。例如，在视觉检测系统中，相机可以用于捕捉图像信息，识别产品的形状、颜色、大小等特征，从而实现对生产过程的监控和控制。控制系统的信息获取过程是其正常运行和有效控制的基础。传感器、仪器设备以及其他数据采集设备共同构成了信息获取的关键环节，它们为控制系统提供了丰富、准确的数据，为系统的运行、调节和优化提供了可靠的支持。随着技术的不断进步和应用领域的拓展，信息获取技术将继续发挥着重要的作用，为控制系统的性能提升和应用拓展注入新的活力。

（二）数据处理和分析

控制系统接收来自传感器的数据后，需要进行处理和分析，以确保提供准确、可靠的信息供下一步使用。这一过程涉及到多种技术和方法，包括数据滤波、去噪、采样和插值等，数据滤波是控制系统中常用的数据处理技术之一。数据滤波的目的是消除数据中的噪声和干扰，提取出数据的有效信息。常见的数据滤波方法包括均值滤波、中值滤波、高斯滤波等，它们能够平滑数据曲线，减少数据波动，提高数据的稳定性和可靠性。去噪是数据处理中的重要步骤之一。去噪的目的是从数据中消除与所研究对象无关的干扰信号，以保留真实的信号信息。常用的去噪方法包括小波去噪、小波阈值去噪、信号平滑等，这些方法能够有效地提高数据的质量和准确性。采样是控制系统中常用的数据获取技术之一。采样是指将连续的模拟信号转换为离散的数字信号，以便计算机系统进行处理和分析。在采样过程中，需要考虑采样频率、采样精度等参数，以确保采集到的数据能够准确地反映实际情况。插值是一种常用的数据处理技术，用于填补数据中的缺失值或不连续点。插值方法可以根据已有数据点之间的关系，估算出缺失点的数值，从而使数据曲线更加平滑和连续。常见的插值方法包括线性插值、多项式插值、样条插值等。控制系统中的数据处理和分析是确保系统运行和控制的关键步骤。数据滤波、去噪、采样和插值等技术能够有效地提高数据的质量和可靠性，为系统的运行和控制提供可靠的数据支持。随着技术的不断进步和应用领域的拓展，数据处理技术将继续发挥着重要的作用，为控制系统的性能提升和应用拓展注入新的活力。

（三）决策和控制

控制系统在对数据进行分析后，将根据分析结果采取相应的行动，以影响所控制系统或过程的状态。这一过程涉及到制定决策、计算控制命令并执行它们，以及监视和调整系统的行为，以确保它们达到期望的目标。

控制系统在分析数据后需要制定相应的决策。这些决策可能包括调整系统参数、改变工艺流程、开启或关闭设备等。制定决策需要考虑当前系统状态、目标要求以及可能的风险和不确定性因素，以确保所采取的行动能够有效地影响系统的状态并实现预期的目标。控制系统需要计算控制命令并执行它们。根据制定的决策，控制系统将计算出相应的控制命令，例如调节阀门的开度、改变电机的转速、调整温度控制器的设定值等。然后，系统将执行这些控制命令，即向执行器发送信号，使其按照预定的方式调整系统的状态。控制系统还需要监视和调整系统的行为，以确保它们达到期望的目标。这包括实时监测系统的运行状态、反馈控制信息、检测异常情况等。如果系统的状态与预期目标存在偏差，控制系统将采取相应的调整措施，例如改变控制策略、调整控制参数、进行故障诊断和排除等，以使系统恢复到正常工作状态并实现预期的控制效果。控制系统在对数据进行分析后，通过制定决策、计算控制命令并执行它们，以及监视和调整系统的行为，来影响所控制系统或过程的状态。这一过程是控制系统实现自动化控制和调节的关键步骤，为系统的稳定运行和目标实现提供了可靠的支持。随着技术的不断进步和应用领域的拓展，控制系统的行动将更加智能化、精准化，为各行业的生产和管理带来更大的效益和价值。

（四）反馈和调节

控制系统通常具有反馈机制，这是系统能够根据实际系统状态的反馈信息对其行为进行调整的关键特征。这种反馈机制对于保持系统的稳定性和鲁棒性至关重要，并使其能够适应环境变化或外部干扰。

反馈机制使控制系统能够实时监测系统状态并获取反馈信息。这些反馈信息可能包括传感器测量的各种参数值，如温度、压力、速度等。通过实时获取系统状态的反馈信息，控制系统可以了解系统当前的运行状况，及时发现任何偏差或异常，并采取相应的措施进行调整。控制系统利用反馈信息对系统行为进行调整。根据反馈信息，控制系统可以评估系统当前状态与期望状态之间的差异，并计算出相应的控制指令以调整系统行为，使其朝着期望状态靠近。例如，如果反馈信息表明系统温度过高，控制系统可能会调整冷却系统的运行参数以降低温度。反馈机制还有助于控制系统维持稳定性和鲁棒性。通过不断获取和分析系统状态的反馈信息，控制系统可以及时发现并纠正系统中的偏差或波动，防止系统出现不稳定或失控的情况。此外，反馈机制还使控制系统能够适应环境变化或外部干扰，因为它可以根据实际情况调整系统行为以应对不同的工作条件或变化。控制系统的反馈机制是确保系统稳定性、鲁棒性和适应性的关键因素。通过实时监测和调整系统状态，反馈机制使控制系统能够及时响应变化，并保持系统在预期状态下的正常运行。这种机制在各种工业和自动化应用中都具有重要意义，为系统的可靠性和性能提供了坚实的基础。

（五）优化和优化

在某些情况下，控制系统可能需要优化系统性能以满足特定的要求或目标。这种优化可能涉及使用各种优化算法和技术，以在给定约束条件下最大化系统的性能或效率。控制系统优化的目标通常是最大化系统的性能或效率。这可能包括最大化生产率、最小化能源消耗、最优化生产质量等。例如，在工业生产中，控制系统可能需要通过调整生产流程或设备参数来最大化生产率，以满足市场需求；或者在能源管理系统中，控制系统可能需要优化能源利用，以降低能源成本和环境影响。控制系统优化需要考虑到各种约束条件。这些约束条件可能包括物理限制、资源限制、安全要求等。例如，控制系统在优化生产过程时需要考虑设备的最大运行速度、生产线的最大容量等物理限制；在能源管理中，需要考虑到能源资源的可用性、能源成本等资源限制；同时也需要考虑到生产安全、环境保护等方面的约束条件。控制系统优化通常采用各种优化算法和技术来实现。这些算法和技术包括但不限于遗传算法、模拟退火算法、粒子群算法、神经网络算法等。通过这些优化算法，控制系统可以搜索最优解空间，并找到在给定约束条件下最优的控制策略或参数配置，以实现系统性能的优化。控制系统优化可能是一个动态过程，需要不断地监测系统状态和环境变化，并及时调整优化策略和参数配置。这可以通过实时数据采集和分析、预测模型的建立、自适应控制算法等技术来实现。控制系统优化是为了使系统在给定约束条件下达到最佳性能或效率。通过使用各种优化算法和技术，考虑到各种约束条件，并采取动态调整策略，控制系统可以实现对系统性能的优化，并在实际应用中发挥重要作用，提高生产效率、节约资源、保护环境等方面产生积极影响。

（六）安全和故障处理

控制系统的安全功能是确保在出现故障或异常情况时系统能够安全操作的关键组成部分。这些安全功能包括故障检测、容错机制和紧急停止系统等功能，它们旨在保护设备、人员和环境免受潜在的危险或损害。故障检测是控制系统安全功能的基础。通过实时监测系统状态和各种传感器的反馈信息，控制系统能够及时检测到可能的故障或异常情况。这些故障可能包括设备故障、传感器故障、通信故障等。一旦发现故障，控制系统会发出警报，并采取相应的措施以避免潜在的危险。容错机制是控制系统安全功能的重要组成部分。容错机制允许系统在出现故障或异常情况时继续安全运行，而不会导致系统完全失效或崩溃。这可以通过备用设备、冗余传感器、备份电源等手段实现。例如，如果主控制器出现故障，系统可以自动切换到备用控制器以继续操作，从而确保系统的连续性和稳定性。紧急停止系统是控制系统安全功能的关键组成部分之一。紧急停止系统允许在紧急情况下立即停止系统的运行，以避免进一步的损害或危险。通常，紧急停止按钮会安装在易于访问的位置，以便操作员在发生紧急情况时立即按下按钮，停止系统的运行。紧急停止系统还可能与其他安全设备和系统集成，如火灾报警系统、气体泄漏检测系统等，以提供更全面的安全保护。控制系统的安全功能对于确保系统在各种情况下能够安全操作至关重要。通过故障检测、容错机制和紧急停止系统等功能的实施，控制系统能够及时识别和应对可能的风险和危险，并保护设备、人员和环境免受潜在的损害。这些安全功能在工业和自动化领域中发挥着关键作用，对保障生产安全和工作环境安全具有重要意义。

第四节 控制系统的分类与应用领域

一、控制系统的分类与应用领域

（一）按控制方式分类

1. 开环控制系统

开环控制系统是一种控制系统，其特点是输出并不直接受到反馈信号的影响，而是通过预先设定的控制输入来实现。这种系统的运作原理基于输入和输出之间的确定性关系，而不考虑实际输出与期望输出之间的差异。开环控制系统的设计相对简单。因为它不需要监测实际输出并进行调整，所以通常比闭环控制系统更容易实现和维护。在一些简单的应用场景中，开环控制系统可能是一个经济高效的选择。开环控制系统的响应速度通常较快。由于不需要等待反馈信号，控制指令可以直接传送到执行器，从而实现快速的系统响应。这使得开环控制系统在一些要求实时性较高的应用中具有优势，例如工业生产中的某些自动化任务。开环控制系统也存在一些显著的缺点。最主要的问题是其对外部干扰和内部变化的鲁棒性较差。由于没有实时反馈来纠正误差，系统可能对环境变化或参数波动表现出较低的稳定性，这在一些需要精确控制的应用中可能会导致问题。开环控制系统通常无法自动调整。在面对复杂的、动态变化的工作环境时，开环系统可能无法适应新的条件或要求，因为它们缺乏根据实际输出来调整控制策略的能力。开环控制系统在某些特定的应用场景下具有一定的优势，但在许多情况下，闭环控制系统更为普遍，因为它们可以更灵活地应对外部变化，并提供更高的控制精度和稳定性。

2. 反馈控制系统

反馈控制系统是一种控制系统，其特点是通过监测实际输出并将其与期望输出进行比较，然后根据比较结果调整控制输入，以实现系统的稳定性、精确性和鲁棒性。反馈控制系统能够提供高度的稳定性。通过不断监测实际输出并与期望输出进行比较，系统可以及时发现偏差并采取措施进行调整，从而抑制系统对外部干扰和内部变化的敏感度，保持系统的稳定运行。反馈控制系统具有较高的精确性。通过动态地调整控制输入，系统可以更准确地跟踪期望输出，并在实际输出偏离期望时及时进行纠正，从而提高系统的控制精度和性能。反馈控制系统通常具有较强的鲁棒性。由于系统能够及时响应实际输出的变化并进行调整，因此对于外部环境的变化或系统参数的波动具有一定的适应能力，从而保证系统在不同工作条件下的稳定性和可靠性。反馈控制系统也存在一些缺点。首先，由于需要不断地监测实际输出并进行比较，系统的实时性可能受到一定的影响，这可能会限制系统的响应速度。其次，设计和调试反馈控制系统通常较为复杂，需要考虑更多的参数和变量，从而增加了工程的难度和成本。反馈控制系统在许多领域得到了广泛的应用，包括工业自动化、机器人技术、航空航天等。它们能够提供高度的稳定性、精确性和鲁棒性，从而满足复杂系统对控制性能的要求，是现代控制工程中的重要技术手段之一。

3. 复合控制系统

复合控制系统是一种将多种控制策略结合在一起以实现更高级功能的控制系统。这种系统利用了不同控制策略的优势，以应对复杂的、多变的工作环境。复合控制系统能够充分发挥各种控制策略的优势。通过将不同的控制方法结合在一起，系统可以在各种工作条件下实现更加灵活、高效的控制，从而提高系统的性能和鲁棒性。复合控制系统具有较高的适应性和灵活性。由于系统可以根据实际情况动态地调整控制策略，因此可以适应不同的工作环境和任务要求，从而提高系统的适用范围和应用灵活性。复合控制系统还可以提供更高级的控制功能。通过将多种控制策略有机地结合在一起，系统可以实现更复杂、更智能的控制任务，例如自适应控制、模糊控制、神经网络控制等，从而满足对控制性能和功能的更高要求。复合控制系统也面临一些挑战和难点。首先，设计和实现复合控制系统通常较为复杂，需要考虑各种控制策略之间的协调和整合，以及系统的稳定性和性能等方面的问题。其次，对于复合控制系统的调试和优化也需要投入较大的人力和物力资源，从而增加了系统开发和维护的成本。复合控制系统在应对复杂的、多变的控制问题时具有重要的意义和应用前景。它能够充分发挥各种控制策略的优势，提高系统的性能和鲁棒性，从而推动控制技术的发展和应用。

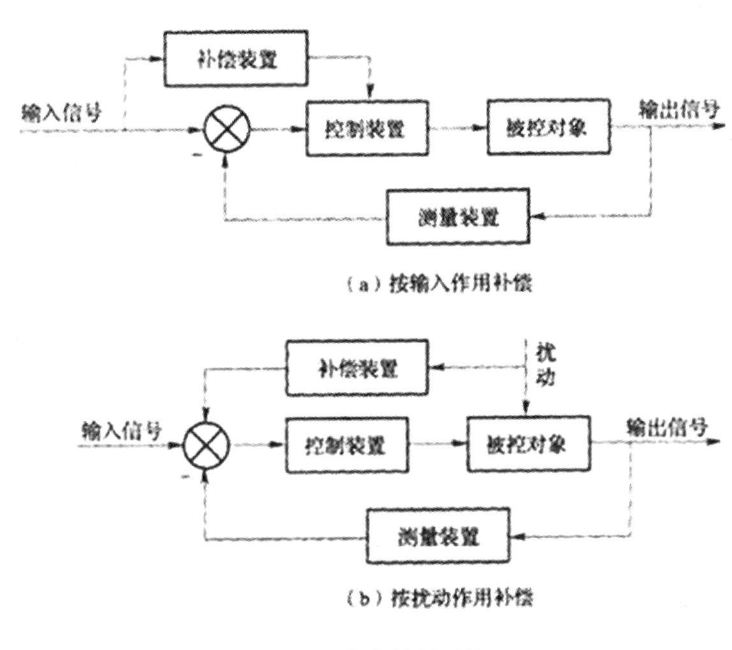

图 3　复合控制系统

（二）按元件类型分类

1. 机械系统

机械系统是由各种机械部件组成的系统，其目的是执行特定的机械功能或完成特定的任务。这些系统可以是简单的机械装置，也可以是复杂的机械设备或机械系统。机械系统在各个领域都有广泛的应用。在工业生产中，机械系统用于制造、加工、运输和装配产品。在交通运输领域，机械系统用于汽车、火车、飞机等交通工具的动力传输和控制。在建筑领域，机械系统用于建筑和施工工程中的各种作业和任务。机械系统的设计和制造涉及多个学科和技术领域。从机械设计到材料科学、动力学、控制技术等各个方面都需要有深入的理解和专业知识。因此，机械系统的开发和应用需要跨学科的合作和综合的技术支持。机械系统的性能和功能取决于其组成部件的设计和工作原理。例如，传动系统用于将动力传递到机械装置或设备中，传感器用于监测和检测系统的状态和参数，执行器用于执行具体的动作或任务，控制系统用于对机械系统进行控制和调节等等。机械系统也面临一些挑战和问题。首先，随着技术的不断发展和进步，对机械系统的性能和功能要求也越来越高，这要求设计和制造更加先进和复杂的机械系统。其次，机械系统在使用过程中可能会受到各种外部因素的影响，如温度、湿度、震动等，这可能会影响系统的稳定性和可靠性。机械系统是现代工业和科技的重要组成部分，它们在各个领域都发挥着重要作用。随着科技的不断发展和进步，机械系统的设计和制造将变得更加先进和复杂，以满足日益增长的需求和挑战。

2. 电气系统

电气系统是由各种电气设备、电子器件和电力传输组成的系统，用于控制、传输和分配电能以及执行特定的电气功能。这些系统在现代社会的各个领域都有广泛的应用，包括工业、建筑、交通运输、通信、医疗等。电气系统在工业生产中起着至关重要的作用。电气系统用于驱动各种生产设备和机械装置，实现自动化生产和加工，提高生产效率和质量。电气系统还用于监测和控制生产过程中的各种参数和变量，以保证生产的稳定性和可靠性。电气系统在建筑领域也有广泛的应用。电气系统用于建筑物的照明、供电、空调、安全监控等各种设施和设备。随着智能建筑技术的发展，电气系统还可以实现远程监控和自动化控制，提高建筑的能源利用效率和舒适性。电气系统在交通运输领域也发挥着重要作用。电气系统用于汽车、火车、飞机等交通工具的动力传输和控制，以及交通信号、导航系统等设施的供电和控制。电气系统的发展还推动了电动汽车和智能交通系统等新技术的应用和发展。电气系统也面临一些挑战和问题。首先，随着电气设备和电子器件的不断发展和更新换代，电气系统的设计和制造变得越来越复杂。其次，电气系统在使用过程中可能会受到各种因素的影响，如电压波动、电磁干扰、设备故障等，这可能会影响系统的稳定性和可靠性。电气系统是现代社会不可或缺的基础设施之一，它们在工业生产、建筑、交通运输等各个领域都发挥着重要作用。随着技术的不断发展和进步，电气系统将变得更加智能化、高效化和可靠化，以满足不断增长的需求和挑战。

3. 机电系统

机电系统是由机械和电气两个方面相结合而成的系统，将机械运动与电气控制有机地结合起来，以实现特定的功能和任务。这种系统在现代工业和科技领域有着广泛的应用，包括机器人技术、自动化生产、智能制造等。

机电系统具有高度的集成性和协同性。通过将机械和电气两个方面相结合，机电系统能够充分发挥各自的优势，实现更加复杂和高效的功能和任务。例如，机械部件可以提供力学结构和运动控制，而电气部件可以提供电力驱动和自动化控制，二者相结合可以实现更加智能化和灵活化的系统设计和应用。机电系统在自动化生产和智能制造中发挥着重要作用。机电系统用于驱动各种自动化设备和机器人，实现生产线的自动化生产和装配，提高生产效率和质量。机电系统还可以实现智能化的生产调度和控制，实时监测和调整生产过程中的各种参数和变量，从而提高生产的灵活性和适应性。机电系统在航空航天、交通运输、医疗设备等领域也有广泛的应用。例如，在航空航天领域，机电系统用于飞行器的动力传输和控制，导航系统和通信系统的供电和控制等。在交通运输领域，机电系统用于汽车、火车、飞机等交通工具的动力传输和控制，以及交通信号和导航系统的供电和控制。在医疗设备领域，机电系统用于医疗器械的动力传输和控制，医疗监测系统和治疗系统的供电和控制等。机电系统也面临一些挑战和问题。首先，机电系统的设计和制造需要跨学科的合作和综合的技术支持，这需要投入大量的人力和物力资源。其次，机电系统在使用过程中可能会受到各种因素的影响，如电压波动、电磁干扰、机械故障等，这可能会影响系统的稳定性和可靠性。机电系统是现代工业和科技发展的重要组成部分，它们在各个领域都发挥着重要作用。随着技术的不断发展和进步，机电系统将变得更加智能化、高效化和可靠化，以满足不断增长的需求和挑战。

4. 液压系统

液压系统是一种利用液体（通常是油）来传递能量、控制运动和执行力量传递的系统。它在工程领域中被广泛应用，包括机械工程、汽车工程、航空航天工程等。液压系统的工作原理基于流体的传递性质。当液体在管道中流动时，它会受到压力的作用，并将这种压力传递到管道的其他部分。通过利用这种原理，液压系统可以实现力量的放大和传递，从而实现各种工程任务，如举升、压榨、夹持、挤压等。液压系统具有很高的功率密度和工作效率。相比于传统的机械传动系统，液压系统可以实现更高的功率输出，并且在工作过程中能够保持相对较高的效率。这使得液压系统成为许多需要大功率输出的工程应用的理想选择。液压系统具有较高的控制性和可靠性。通过调节液压系统中的阀门、泵和缸等元件，可以实现对系统的精确控制，从而满足各种复杂的运动和工作要求。同时，液压系统的设计相对简单，且不易受到环境因素的影响，因此具有较高的可靠性和稳定性。液压系统也存在一些挑战和问题。首先，液压系统的设计和制造相对复杂，需要考虑诸多因素，如液体的性质、系统的压力和温度、元件的选型和安装等。其次，液压系统在使用过程中可能会受到液体泄漏、压力损失、气体混入等问题的影响，这可能会影响系统的性能和稳定性。液压系统是一种高效、可靠的能量传递和控制系统，它在各种工程应用中都有着重要的地位和作用。随着技术的不断发展和进步，液压系统将变得更加智能化、高效化和可靠化，以满足不断增长的需求和挑战。

图 4　液压系统

5. 气动系统

气动系统是一种利用气体（通常是空气）来传递能量、控制运动和执行力量传递的系统。它在工程领域中被广泛应用，包括自动化生产、机械加工、航空航天等。气动系统的工作原理基于气体的压缩和膨胀性质。通过利用压缩空气的能量，气动系统可以实现力量的放大和传递，从而实现各种工程任务，如举升、夹持、移动、搬运等。气动系统具有简单、可靠、成本低廉等优点。相比于液压系统或电动系统，气动系统的设计和制造相对简单，元件结构较为简洁，不需要额外的润滑剂，且不易受到液体泄漏、电气故障等问题的影响，因此具有较高的可靠性和稳定性。气动系统具有较高的功率密度和工作效率。由于气体的可压缩性，气动系统可以实现较高的功率输出，并且在工作过程中能够保持相对较高的效率。这使得气动系统成为许多需要大功率输出的工程应用的理想选择。气动系统也存在一些挑战和问题。首先，由于气体的压缩性和膨胀性，气动系统的动态特性相对较差，响应速度较慢，不适用于一些要求快速响应的应用。其次，气动系统在使用过程中可能会受到气体泄漏、压力损失、温度变化等问题的影响，这可能会影响系统的性能和稳定性。气动系统是一种高效、可靠的能量传递和控制系统，它在各种工程应用中都有着重要的地位和作用。随着技术的不断发展和进步，气动系统将变得更加智能化、高效化和可靠化，以满足不断增长的需求和挑战。

6. 生物系统

生物系统是由生物学上的各种生物体、器官、细胞以及它们之间的相互作用组成的系统。这些系统包括生态系统、生物学中的生物组织、器官系统，以及生物体内的各种生物化学反应和生物过程等。生物系统在自然界中起着至关重要的作用。生态系统是由生物体和非生物体组成的生物群落和其非生物环境相互作用的系统。它们包括各种生物体之间的食物链、生态圈中的物质循环、气候变化等。生态系统的稳定性和健康性对于维持地球生态平衡具有至关重要的意义。生物系统在生物学研究中发挥着重要作用。生物学家研究生物体内各种器官和组织的结构和功能，以及它们之间的相互作用和调节机制。例如，神经系统负责接收、处理和传递信息，呼吸系统负责氧气的吸入和二氧化碳的排出，免疫系统负责保护机体免受外界病原体的侵害等。生物系统也在医学和生命科学研究中有着广泛的应用。医生和生物学家研究生物体内各种疾病的发生机制和治疗方法，探索生物体内的各种生物化学反应和生物过程，从而提高医疗水平和生命质量。生物系统也面临一些挑战和问题。首先，生态系统面临着许多环境问题，如气候变化、生物多样性丧失、生态系统破坏等，这些问题对人类社会和生物体健康造成了严重威胁。其次，生物体内各种疾病和健康问题也是全球性的挑战，需要全球合作和共同努力来解决。生物系统是地球上生命存在和发展的基础，它们在自然界中起着不可替代的作用。生物学的研究和生物医学的发展将进一步推动我们对生物系统的理解和应用，为保护地球生态环境、促进人类健康和福祉做出贡献。

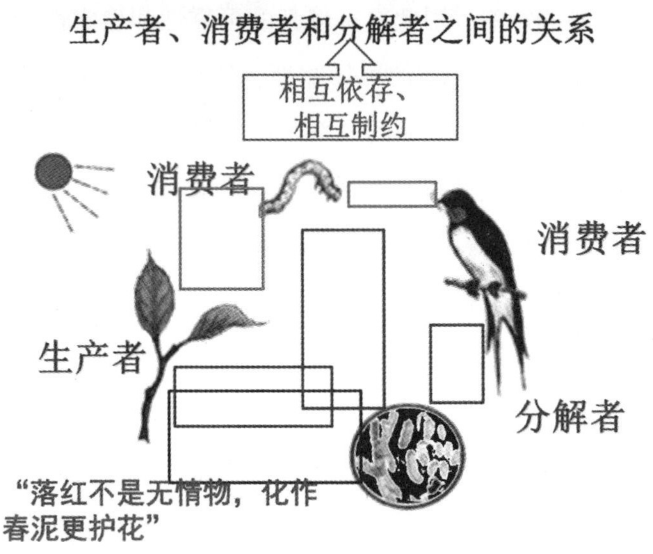

图 5 生物系统

（三）按系统功能分类

1. 温度控制系统

温度控制系统是一种用于控制环境温度的系统，其目的是在一定范围内维持温度稳定，并根据需要进行调节。这种系统在许多领域中都有广泛的应用，包括工业生产、建筑、舒适性空调、医疗设备等。温度控制系统的核心是温度传感器、控制器和执行器。温度传感器用于监测环境或设备的温度，将温度信号传递给控制器；控制器根据设定的温度值和传感器反馈的实际温度值进行比较，并发出控制信号；执行器根据控制信号调节热源或冷源的输出，以调节环境温度。温度控制系统可以实现自动化控制。通过预先设定温度范围和控制参数，系统可以自动地监测和调节环境温度，从而实现自动化的温度控制。这种自动化控制可以提高生产效率、节约能源，并减少人工干预。温度控制系统还可以实现精确的温度调节。通过采用先进的控制算法和精密的温度传感器，系统可以实现对环境温度的精确控制，满足对温度精度要求较高的应用，如实验室研究、医疗设备等。温度控制系统也面临一些挑战和问题。首先，环境因素的变化、设备的老化和故障等可能会影响系统的稳定性和可靠性，需要及时进行维护和修复。其次，温度控制系统的设计和调试需要考虑诸多因素，如温度范围、控制精度、响应时间等，这需要系统工程师具备丰富的经验和技术。温度控制系统是现代工程技术的重要组成部分，它在工业生产、舒适性空调、医疗设备等领域中发挥着重要作用。随着技术的不断发展和进步，温度控制系统将变得更加智能化、精确化和可靠化，以满足不断增长的需求和挑战。

2. 位置控制系统

位置控制系统是一种用于控制物体或系统位置的系统，其目的是在给定的位置范围内准确地控制物体的位置，并根据需要进行调节。这种系统在各种工业和科技领域中都有广泛的应用，包括自动化生产、机器人技术、航空航天、汽车制造等。位置控制系统的核心是位置传感器、控制器和执行器。位置传感器用于监测物体的位置，并将位置信号传递给控制器；控制器根据设定的位置目标和传感器反馈的实际位置进行比较，并发出控制信号；执行器根据控制信号调节物体的位置，以实现位置控制。位置控制系统可以实现高精度的位置调节。通过采用高精度的位置传感器和先进的控制算法，系统可以实现对物体位置的精确控制，满足对位置精度要求较高的应用，如精密加工、医疗设备等。位置控制系统还可以实现多轴位置控制。通过同时控制多个执行器，系统可以实现对物体在多个轴向上的位置调节，从而实现更加复杂和多样化的运动和工作任务。位置控制系统也面临一些挑战和问题。首先，系统的稳定性和可靠性可能受到环境因素、设备老化和故障等因素的影响，需要及时进行维护和修复。其次，位置控制系统的设计和调试需要考虑诸多因素，如位置范围、控制精度、响应时间等，这需要系统工程师具备丰富的经验和技术。位置控制系统是现代工程技术中的重要组成部分，它在各种工业和科技应用中都发挥着重要作用。随着技术的不断发展和进步，位置控制系统将变得更加智能化、精确化和可靠化，以满足不断增长的需求和挑战。

（四）按系统性能分类

1. 线性系统和非线性系统

线性系统和非线性系统是两种不同类型的动态系统，其行为和特性在很大程度上取决于其输入和输出之间的关系是否服从线性关系。线性系统具有线性特性，其输入和输出之间的关系满足叠加原理和比例原理。换句话说，如果系统对于输入信号的响应是线性的，那么系统对于多个输入信号的响应的总和等于每个输入信号的响应的总和。线性系统的行为通常可以用线性微分方程或线性差分方程来描述，其特点是可预测性高、数学描述简单，因此在控制工程和信号处理等领域中有着广泛的应用。非线性系统的行为不遵循叠加原理和比例原理，其输入和输出之间的关系是非线性的。非线性系统的行为通常会产生复杂的动态行为，包括周期性、混沌现象、分叉等。由于非线性系统的复杂性，其数学描述和分析较为困难，但在实际应用中，非线性系统也有着重要的作用，例如在生物学、天文学、气象学等领域中的建模和研究中经常遇到非线性现象。线性系统和非线性系统在稳定性和控制性能方面也存在着显著差异。线性系统的稳定性和控制性能通常可以通过简单的线性控制方法来实现，例如比例控制、积分控制、微分控制等。而非线性系统的稳定性和控制性能则需要更复杂的非线性控制方法，如模糊控制、神经网络控制、自适应控制等。线性系统和非线性系统之间并非是绝对的界限，很多实际系统都包含了线性和非线性的混合特性。例如，某些系统在某些工作范围内可以近似地看作是线性系统，但在其他范围内则可能表现出明显的非线性行为。因此，在实际应用中，需要根据系统的特性和要求选择合适的建模和控制方法，以实现系统的稳定性和性能的优化。

2. 连续系统和离散系统

连续系统和离散系统是两种不同类型的动态系统，其行为和特性在很大程度上取决于时间变量的连续性或离散性。连续系统是指系统中的状态和变量随时间连续变化的系统。这种系统通常可以通过连续函数或微分方程来描述。连续系统的状态变量在任意给定时间点都有定义，且在任意相邻时间点之间存在连续的变化。典型的连续系统包括连续时间的动力系统、连续介质的物理系统等。离散系统是指系统中的状态和变量随时间离散变化的系统。这种系统通常可以通过差分方程或递推关系来描述。离散系统的状态变量只在离散的时间点上有定义，且在相邻时间点之间存在间断的变化。典型的离散系统包括数字信号处理系统、数字控制系统、离散时间的动力系统等。连续系统和离散系统在模拟和数字领域中有着不同的应用。连续系统通常用于描述连续时间和连续空间的物理现象，如连续时间的动力学系统、连续介质的传热传质系统等。而离散系统通常用于描述离散事件和离散信号的系统，如数字信号处理系统、数字控制系统等。连续系统和离散系统之间并不是绝对的界限，很多实际系统都包含了连续和离散的混合特性。例如，连续时间的控制系统在数字化时可能需要进行采样和离散化处理，从而变成离散系统；而离散时间的信号处理系统在模拟输出时可能需要进行插值和连续化处理，从而变成连续系统。连续系统和离散系统是动态系统的两种基本类型，它们在描述和分析动态系统行为时具有各自的特点和方法。在实际应用中，需要根据系统的特性和要求选择合适的模型和方法，以实现系统的稳定性和性能的优化。

3. 定常系统和时变系统

定常系统和时变系统是两种动态系统的不同类型，其行为和特性在很大程度上取决于系统参数是否随时间变化。定常系统是指系统的参数在时间上保持不变的系统。这意味着系统的结构、参数和特性在整个系统运行过程中都保持不变。定常系统的动态行为通常可以通过稳态分析和频域分析来描述和分析，其特点是稳定性强、性能可预测、数学模型简单。典型的定常系统包括恒定参数的线性系统、定常非线性系统等。时变系统是指系统的参数随时间变化的系统。这意味着系统的结构、参数和特性会随着时间的推移而发生变化。时变系统的动态行为通常需要通过时域分析和状态空间分析来描述和分析，其特点是动态性强、复杂度高、数学模型复杂。典型的时变系统包括非恒定参数的线性系统、时变非线性系统等。定常系统和时变系统在控制工程、信号处理、通信系统等领域有着不同的应用。定常系统通常用于描述稳定的动态过程和静态系统，如恒定的控制系统、恒定的信号处理系统等。而时变系统通常用于描述动态变化的过程和动态系统，如变化的控制系统、动态调整的信号处理系统等。定常系统和时变系统之间并不是绝对的界限，很多实际系统都包含了定常和时变的混合特性。例如，某些系统的参数可能随着外部环境的变化而发生变化，从而表现出时变的特性；而某些系统的参数可能在某个时间段内保持不变，而在其他时间段内发生变化，从而表现出定常和时变混合的特性。定常系统和时变系统是动态系统的两种基本类型，它们在描述和分析动态系统行为时具有各自的特点和方法。在实际应用中，需要根据系统的特性和要求选择合适的模型和方法，以实现系统的稳定性和性能的优化。

4. 确定性系统和不确定性系统

确定性系统和不确定性系统是两种动态系统的不同类型，其行为和特性在很大程度上取决于系统内在的确定性或不确定性因素。确定性系统是指系统的行为和特性可以通过确定的数学模型进行准确描述和预测的系统。在确定性系统中，系统的输入和输出之间的关系是清晰而直接的，可以通过精确的数学方程或模型来描述。这种系统的特点是可预测性强、稳定性高、数学描述简单。典型的确定性系统包括线性定常系统、确定性控制系统等。不确定性系统是指系统的行为和特性受到内在或外部的不确定因素的影响，难以准确地描述和预测的系统。在不确定性系统中，系统的输入和输出之间的关系可能受到噪声、随机性或模糊性等因素的影响，导致系统行为的不确定性和随机性。这种系统的特点是难以预测、稳定性较差、数学描述复杂。典型的不确定性系统包括随机系统、模糊系统、非线性系统等。确定性系统和不确定性系统在控制工程、信号处理、优化问题等领域有着不同的应用。确定性系统通常用于描述稳定的动态过程和静态系统，如确定性控制系统、确定性信号处理系统等。而不确定性系统通常用于描述具有随机性、模糊性或非线性的动态过程和动态系统，如随机控制系统、模糊控制系统、非确定性优化问题等。确定性系统和不确定性系统之间并不是绝对的界限，很多实际系统都包含了确定性和不确定性的混合特性。例如，某些系统的参数可能在某种情况下是确定的，而在其他情况下可能是随机的或模糊的，从而表现出确定性和不确定性混合的特性。确定性系统和不确定性系统是动态系统的两种基本类型，它们在描述和分析动态系统行为时具有各自的特点和方法。在实际应用中，需要根据系统的特性和要求选择合适的模型和方法，以实现系统的稳定性和性能的优化。

（五）按参据量变化规律分类

1. 恒值控制系统

恒值控制系统是一种用于维持系统输出在恒定值附近的控制系统。其主要目标是通过调节系统的输入，使得系统的输出始终保持在预定的恒定值附近。恒值控制系统通常应用于那些要求输出保持在特定恒定值的场景。这种系统的设计旨在消除外部干扰和系统参数变化对输出的影响，从而使系统的输出能够始终稳定在所期望的目标值附近。恒值控制系统在工业自动化、仪器仪表、气候控制等领域有着广泛的应用。恒值控制系统的设计和实现通常需要考虑系统的稳定性、灵敏度和鲁棒性等因素。为了实现系统的稳定性，控制器需要通过调节系统的输入信号来消除外部干扰和系统参数变化对输出的影响，使系统的输出能够始终稳定在所期望的目标值附近。此外，为了提高系统的灵敏度和鲁棒性，通常采用先进的控制算法和控制策略，如比例控制、积分控制、模糊控制等。恒值控制系统的设计和实现还需要考虑系统的动态响应和控制性能等因素。为了实现系统的快速响应和高效控制，通常采用先进的控制器和执行器，如 PID 控制器、状态空间控制器等。此外，为了提高系统的鲁棒性和可靠性，还需要对系统进行仿真和实验验证，以确保系统能够满足实际应用的要求。恒值控制系统是一种重要的控制系统，它在维持系统输出在恒定值附近方面具有重要的应用价值。随着技术的不断发展和进步，恒值控制系统将变得更加智能化、高效化和可靠化，以满足不断增长的需求和挑战。

2. 随动控制系统

随动控制系统是一种常见于飞行器、导弹、卫星等动态系统中的控制系统，其目标是使系统的执行部件（例如方向舵、偏航发动机等）跟随着外部输入或参考信号的变化，以实现系统的稳定性和性能要求。随动控制系统的核心概念是“随动”，即控制系统能够跟随外部输入或参考信号的变化而调整系统的执行部件。这种控制系统的设计目标是使得系统的执行部件能够及时、准确地响应外部输入或参考信号的变化，以实现系统的稳定性、精确性和灵活性。随动控制系统通常应用于需要快速响应和精确控制的动态系统中。例如，在飞行器、导弹和卫星等航空航天应用中，随动控制系统能够使得飞行器的姿态、姿态角速率等参数能够及时、准确地响应飞行器的飞行轨迹、姿态和控制指令的变化，以实现飞行器的稳定飞行、精确导航和目标跟踪等任务。随动控制系统的设计和实现通常需要考虑多种因素，包括系统的动态特性、外部输入的变化、执行部件的动态响应、控制器的设计和参数调节等。为了实现系统的快速响应和精确控制，通常采用先进的控制算法和控制策略，如模型预测控制、自适应控制、鲁棒控制等。随动控制系统也面临一些挑战和问题。例如，系统的动态特性可能受到外部干扰、风载荷、气动力等因素的影响，导致系统的稳定性和控制性能受到影响。此外，随动控制系统的设计和调试需要经验丰富的工程师和专业知识，以确保系统能够满足实际应用的要求。随动控制系统是一种重要的控制系统，它在飞行器、导弹、卫星等动态系统中具有广泛的应用。随着技术的不断发展和进步，随动控制系统将变得更加智能化、高效化和可靠化，以满足不断增长的需求和挑战。

3. 程序控制系统

程序控制系统是一种自动化系统，它通过预先设定的程序或指令序列来控制设备或系统的操作。这种系统通常应用于工业生产、制造业、机械加工、自动化生产线等领域。程序控制系统的核心是程序控制器或控制器组，它负责执行预先编写的程序或指令序列，并控制设备或系统的操作。这些程序通常由工程师或技术人员编写，其中包含了设备操作的逻辑、顺序和条件等信息。程序控制系统的设计和实现通常需要考虑设备的动态特性、操作流程、安全性和效率等因素。程序控制系统的优势在于其高度灵活性和可编程性。通过修改程序或指令序列，可以轻松实现对设备操作的调整和优化，适应不同的生产需求和工艺要求。这种灵活性使得程序控制系统在面对复杂的生产任务和多样化的产品需求时能够快速适应和响应，提高生产效率和灵活性。程序控制系统还能够实现自动化的生产过程，减少人工干预和操作错误，提高生产的一致性和质量。通过精确控制设备的运行和操作顺序，程序控制系统可以减少生产过程中的变量和波动，提高产品的质量和稳定性，降低生产成本和资源浪费。程序控制系统也面临一些挑战和问题。例如，程序的编写和调试需要具备一定的技术和经验，尤其是对于复杂的生产任务和设备操作来说。此外，程序控制系统的故障诊断和维护也需要专业技术人员进行及时处理和修复，以确保系统的稳定性和可靠性。程序控制系统是一种重要的自动化系统，它在工业生产、制造业、机械加工等领域发挥着重要作用。随着技术的不断发展和进步，程序控制系统将变得更加智能化、灵活化和可靠化，以满足不断增长的生产需求和挑战。

二、控制系统的应用领域

（一）家庭生活

自动化技术正在以惊人的速度渗透进家庭生活的方方面面，给人们的生活带来了极大的便利和舒适。从用电脑设计和制作衣服到全自动洗衣机、电脑控制的微波炉、电冰箱和空调，再到清扫机器人等，自动化技术正在改变着人们的家庭生活方式。

图 6　家庭生活自动化

电脑技术的应用使得家庭生活中的许多工作变得更加高效和便捷。例如，通过使用电脑设计软件，人们可以在家中设计和制作自己喜欢的衣服，无需专业技能和大量时间成本。这种个性化定制的衣服设计让人们的生活更加丰富多彩。全自动洗衣机是家庭生活中一项非常实用的自动化设备。它不仅能够在人们不动手的情况下将衣服洗得干干净净，还能根据衣物的材质和污渍程度进行智能洗涤，节约了人们的时间和精力，提高了洗衣效率。电脑控制的微波炉和电冰箱也为家庭生活带来了诸多便利。微波炉通过电脑控制可以按时自动进行烹调，制作出美味可口的饭菜，同时还能保证烹饪的安全性和节能性。电脑控制的电冰箱不仅能够自动控温，保持食物的新鲜度，还能提供食物存储的数量和时间信息，甚至能够为人们提供食谱和用料建议，让家庭主妇的烹饪工作更加得心应手。家庭中的空调系统也越来越智能化。电脑控制的空调机能够根据人们的需求自动调节温度，为家庭提供舒适如春的环境。同时，清扫机器人的出现也解放了人们的双手，它能够自动地在家中巡航、清扫地板和收集灰尘，让家庭清洁工作变得更加轻松和高效。自动化技术正在迅速渗透进家庭生活的方方面面，为人们的生活带来了极大的便利和舒适。随着科技的不断进步和创新，相信未来家庭生活中的自动化设备和智能化系统会越来越多，为人们创造出更加便捷、舒适和智能化的生活环境。

（二）办公室

办公室自动化已成为现代办公环境的标配，微电脑、信息网络、文字处理机、电子传真机、专用交换机、多功能复印机以及机器人秘书等技术和设备的广泛应用，推动了办公室工作效率和管理水平的提升。这些自动化设备不仅简化了办公流程，还实现了文件管理、信息传递和工作协同的全面自动化。

自动化办公设备的引入使得办公室工作流程更加高效和便捷。通过微电脑和文字处理机，员工可以轻松地完成文件的起草、修改和审核工作，大大节省了时间和人力成本。电子传真机的使用则实现了快速、便捷的文件传递，消除了传统传真的纸质耗费和传输延迟，提高了办公效率。信息网络的建设进一步提升了办公室的信息化水平。通过建立内部信息网络和连接外部信息高速公路，办公室可以实现对各种信息资源的高效获取和共享。多媒体技术的运用也使得信息传递更加直观和生动，为会议、培训和沟通带来了更多的可能性。办公自动化的主要目标是企业管理自动化。工厂自动化则主要包括两方面内容。一是使用自动化装置完成各种加工、装配、包装运输、存储等工作，例如机器人、自动化小车、自动机床、柔性生产线和计算机集成制造系统等的应用。这些设备能够实现高效、精准的生产过程，提高产品质量和生产效率。二是生产过程的自动化控制，通过自动化仪表和装置控制生产参数，实现对生产设备、生产过程和管理过程的自动化监控和调节。在钢铁、石油、化工、农业、渔业和畜牧业等领域的生产和管理中，自动化技术的应用不断扩展，为企业提供了更高效、更安全、更可靠的生产管理手段。办公自动化和工厂自动化的发展是现代社会经济发展的重要支撑，它们的推进不仅提升了生产力和管理水平，也为企业和个人带来了更多的便利和可能性。随着技术的不断进步和应用的不断创新，自动化技术将在更多领域发挥作用，为人类创造出更加美好和便利的生活和工作环境。

（三）工业及其他应用

自动化技术的应用不仅局限于工业生产和办公场所，还广泛涉及到交通运输、医疗保健、农业生产和军事装备等各个领域，为这些领域的发展和提升提供了重要支持。下面将从交通运输、医疗保健、农业生产和军事装备等方面介绍自动化技术的应用。

在交通运输领域，自动化技术的应用已经成为提升交通运输效率和安全性的重要手段。通过在交通工具上引入自动化设备，可以实现交通工具的自动化操作和管理，包括车辆运输管理、海上及空中交通管理、城市交通控制、客票预订及出售等。自动驾驶技术的发展正在推动汽车、飞机和船舶等交通工具的自动化运行，提高了交通运输系统的效率和安全性。在医疗保健领域，自动化技术的应用也为医疗服务和医疗管理带来了革命性的改变。通过引入自动化设备和信息化系统，可以实现医疗数据的自动采集、分析和存储，提高了医疗诊断和治疗的精准度和效率。自动化设备还可以实现医疗器械和药品的自动配药和输送，提高了医疗服务的质量和效率。在农业生产领域，自动化技术的应用正在推动农业生产的现代化和智能化。通过在农作物种植、养殖业的生产过程中引入自动化设备和智能化系统，可以实现对农业生产过程的自动化管理和监控，提高了农产品的产量和质量。例如，智能化的温室大棚系统可以实现对温度、湿度和灌溉等参数的自动控制，提高了作物的生长效率和产量。在军事装备领域，自动化技术的应用尤为重要。当代武器装备尤其要求高度的自动化，以提高作战效率和保障士兵的安全。飞机、舰艇、战车、火炮、导弹、军用卫星以及后勤保障、军事指挥等各个方面都需要实现全面的自动化，提高了军队的作战能力和反应速度。自动化技术在交通运输、医疗保健、农业生产和军事装备等各个领域的应用都发挥着重要作用，为这些领域的发展和提升带来了巨大的推动力。随着技术的不断进步和创新，相信自动化技术将继续在各个领域发挥着越来越重要的作用，为人类创造出更加安全、高效和便捷的生活和工作环境。

第二章　传统电气控制方式

第一节　继电器控制系统

一、继电器控制系统的定义

继电器控制系统是一种基于继电器的电气控制系统，用于控制和调节各种电气设备和电路。这种系统通过继电器作为控制元件，根据输入信号的变化，对输出电路进行开关控制，实现对电气设备的启停、电路的连接与断开，以及各种复杂的控制逻辑和功能。

继电器是继电器控制系统的核心元件。继电器是一种电气开关装置，能够根据控制信号的输入状态，在输出端实现电路的开关操作。继电器通常由电磁铁和触点组成，当电磁铁通电时，吸合触点闭合；当电磁铁断电时，触点弹开。这种开关操作可以实现对电路的控制，使得继电器成为了电气控制系统中常用的控制元件之一。继电器控制系统通过输入信号来控制继电器的动作。输入信号可以是电压、电流、温度、压力等各种物理量的信号，也可以是来自于传感器、开关、计算机等设备的控制信号。这些输入信号经过处理和解析，通过逻辑控制单元生成相应的控制信号，控制继电器的动作，从而实现对电路的控制。继电器控制系统具有灵活的控制功能和复杂的控制逻辑。通过合理的设计和编程，可以实现各种复杂的控制功能，如定时控制、循环控制、逻辑控制等。这些控制功能能够满足各种实际应用场景下的需求，提高了系统的灵活性和可扩展性。继电器控制系统广泛应用于工业自动化、建筑控制、交通信号、电力系统等领域。在工业自动化中，继电器控制系统常用于机械设备的启停控制、输送线的控制、生产流程的调节等方面；在建筑控制中，继电器控制系统常用于照明控制、空调控制、电梯控制等方面；在交通信号系统中，继电器控制系统常用于红绿灯控制、道闸控制等方面；在电力系统中，继电器控制系统常用于电力配电、保护控制等方面。继电器控制系统是一种基于继电器的电气控制系统，通过继电器作为控制元件，根据输入信号的变化，对输出电路进行开关控制，实现对各种电气设备和电路的控制和调节。这种系统具有灵活的控制功能、复杂的控制逻辑，并且在工业、建筑、交通、电力等领域得到了广泛的应用。

二、继电器控制系统的组成

继电器控制系统由感测机构、中间机构和执行机构三个基本部分组成，这些部分共同协作，实现对电气设备和电路的控制和调节。感测机构是继电器控制系统的输入端，负责感知外部环境或设备状态的变化，并将这些变化转化为电信号输入到系统中。感测机构通常包括各种传感器和检测装置，如温度传感器、压力传感器、光敏电阻、开关等。这些传感器可以感知温度、压力、光照强度、开关状态等物理量，并将其转化为电信号，作为控制系统的输入信号。感测机构的准确性和可靠性直接影响了整个控制系统的性能和稳定性。中间机构是继电器控制系统的控制核心，负责接收并处理感测机构传输过来的信号，并根据预设的控制逻辑生成相应的控制信号，控制继电器的动作。中间机构通常包括逻辑控制单元、计算机控制系统、可编程逻辑控制器（PLC）等。这些设备可以根据用户的要求和系统的需要，编程实现各种复杂的控制功能和逻辑，如定时控制、循环控制、逻辑控制等。中间机构的稳定性和可靠性是保证控制系统正常运行的关键。执行机构是继电器控制系统的输出端，负责根据中间机构生成的控制信号，控制电路的开关和设备的动作。执行机构通常由继电器、接触器、电磁阀、电机等电气元件组成，它们根据控制信号的变化，实现对电路的连接与断开、电器设备的启停等操作。执行机构的可靠性和响应速度直接影响了控制系统的性能和效率。继电器控制系统由感测机构、中间机构和执行机构三个基本部分组成。感测机构负责感知外部环境或设备状态的变化，中间机构负责接收并处理感测机构传输过来的信号，并生成控制信号，执行机构负责根据控制信号的变化，控制电路的开关和设备的动作。这些部分共同协作，实现对电气设备和电路的控制和调节，是继电器控制系统正常运行的基础。

三、继电器控制系统的工作原理

电磁继电器是一种常用的电气控制设备，通常由铁芯、线圈、衔铁和触点簧片等组成。其工作原理基于电磁效应和机械运动，能够实现在电路中的导通和切断。电磁继电器的核心部件是线圈，当在线圈的两端加上一定的电压时，线圈中就会产生一定的电流。根据安培环路定理，通过线圈的电流会产生磁场，形成电磁效应。电磁继电器的铁芯和衔铁是与线圈紧密结合的部件。在通电时，线圈中的电流会产生磁场，磁场会使得铁芯成为一个临时的磁体，从而产生吸引力。衔铁受到吸引力的作用，会克服弹簧的拉力，向铁芯靠拢。衔铁的运动会导致触点簧片发生位移。触点簧片上的动触点与静触点（常开触点）会吸合，从而使得电路导通。这时电磁继电器起到了闭合电路的作用。当线圈断电后，磁场消失，吸引力也随之消失。衔铁受到弹簧的反作用力，会返回到原来的位置。这导致动触点与静触点（常闭触点）释放，电路中断。这样，电磁继电器完成了开关功能的切换。电磁继电器通过这种吸合和释放的运动，实现了在电路中的导通和切断。它可以根据控制电压的输入状态，控制电路的开关状态，从而实现对电气设备和电路的控制。电磁继电器具有结构简单、可靠性高、响应速度快等优点，广泛应用于各种电气控制系统中。从小型家用电器到大型工业设备，都可以见到电磁继电器的身影。

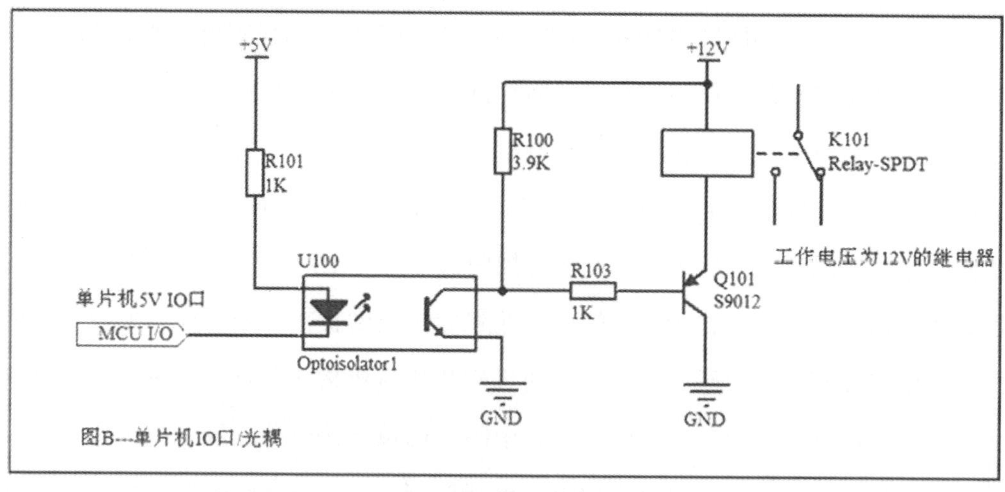

图 7　继电器控制系统

四、继电器的主要作用

（一）扩大控制范围

多触点继电器在控制系统中的应用可以带来多方面的好处，其中之一是扩大控制范围。通过多触点继电器，可以实现在控制信号达到一定值时，同时对多路电路进行换接、开断、接通等操作，从而实现对更广泛范围的设备或电路的控制。

多触点继电器提供了更多的控制通路。传统的单触点继电器只能控制一个电路的开关，而多触点继电器则可以通过一组触点，同时控制多个电路的状态。这使得在同一控制系统中可以实现对多个设备或电路的控制，从而扩大了控制范围。多触点继电器提供了更多的控制选项。不同形式的触点组可以实现不同的控制功能，如单刀单掷（SPST）、双刀双掷（DPDT）等。通过灵活配置这些触点组，可以实现对各种不同电路的控制，满足不同场景下的需求，进一步扩大了控制范围。多触点继电器提供了更高的控制精度和可靠性。通过多个触点同时工作，可以实现对电路的更精细的控制，提高了控制的准确性和可靠性。即使其中某些触点出现故障，其他触点仍然可以继续工作，保证了整个控制系统的稳定性。多触点继电器还可以实现对复杂电路的控制。在一些需要对电路进行复杂逻辑控制的场景下，单触点继电器可能无法满足需求。而多触点继电器可以通过不同的触点组合，实现对复杂电路的精确控制，提高了控制系统的灵活性和适用性。多触点继电器通过提供更多的控制通路和选项，提高了控制精度和可靠性，可以实现对更广泛范围和复杂电路的控制，从而扩大了控制范围，为控制系统的应用提供了更大的灵活性和适用性。

（二）放大

放大是继电器在电气控制系统中的一个重要功能，通过继电器可以实现对很小的控制量放大到很大功率的电路。这种放大作用在灵敏型继电器和中间继电器等设备中得到了广泛应用，为控制系统的设计和应用带来了诸多便利和效益。

灵敏型继电器是一种能够在很小的控制信号下完成大功率电路开关操作的继电器。这种继电器通常具有高灵敏度的线圈和快速响应的特点，可以在极短的时间内完成从吸合到释放的动作。通过灵敏型继电器，可以用一个微小的控制量，即控制信号，来控制很大功率的电路，实现对电路的放大控制。中间继电器也是一种常见的用于放大控制信号的设备。中间继电器通常具有多个触点和通道，可以将一个输入控制信号通过触点的组合，控制多个输出电路的开关状态。这样，即使是一个微小的控制量，也可以通过中间继电器放大到多个输出电路上，实现对多个电路的同时控制。灵敏型继电器和中间继电器在控制系统中具有很高的可靠性和稳定性。它们通常采用优质材料和精密制造工艺，具有较长的使用寿命和良好的抗干扰能力，可以在恶劣的工作环境下稳定运行，保证控制系统的正常工作。通过灵敏型继电器和中间继电器的放大功能，可以实现对各种不同功率和电压等级的电路进行控制。无论是小型家用电器还是大型工业设备，都可以通过这种放大功能实现精确而可靠的控制，满足不同场景下的需求。通过灵敏型继电器和中间继电器等设备的放大功能，可以实现对微小控制量的放大，从而控制很大功率的电路。这种放大作用在控制系统的设计和应用中具有重要意义，为各种设备和电路的控制提供了有效的手段和方法。

（三）综合信号

综合信号是指在多个控制信号按照规定的形式输入到多绕组继电器等设备中，经过比较和综合处理后，达到预定的控制效果。这种综合信号的应用在控制系统中非常常见，能够实现对复杂电路和设备的精确控制，并且提高了系统的灵活性和可靠性。

多绕组继电器是一种具有多个绕组和多个触点的继电器设备，能够同时接收多个控制信号，并将它们进行比较和综合处理。通过合理设置绕组和触点的连接方式，可以实现对不同控制信号的处理和转换，从而达到预定的控制效果。综合信号的实现通常需要通过逻辑电路或控制算法来进行处理。这些逻辑电路或算法能够根据输入的多个控制信号，进行逻辑判断和运算，从而确定输出的控制动作。例如，通过逻辑门、比较器、计数器等电路元件，可以实现对控制信号的逻辑运算和综合处理，达到对电路的精确控制。综合信号的应用可以实现对电路的多种控制模式和功能。通过灵活设置绕组和触点的连接方式，可以实现对不同控制信号的综合处理，从而实现电路的各种功能，如定时控制、循环控制、逻辑控制等。这种灵活性使得综合信号在各种实际应用场景中具有广泛的适用性。综合信号的应用可以提高系统的可靠性和稳定性。通过多绕组继电器等设备对多个控制信号进行比较和综合处理，可以避免单一控制信号的失效对系统造成的影响，提高了系统的容错能力和抗干扰能力，保证了系统的稳定运行。综合信号作为一种常见的控制方式，在控制系统的设计和应用中具有重要意义。它能够实现对复杂电路和设备的精确控制，提高了系统的灵活性和可靠性，为各种实际应用场景下的控制需求提供了有效的解决方案。

（四）自动、遥控、监测

在自动控制系统中，继电器与其他电器组合使用可以实现自动、遥控和监测功能，从而实现系统的自动化运行。这种应用方式在工业、交通、建筑等领域都得到了广泛的应用，为提高生产效率、节约能源和保障安全提供了有效的手段。

自动装置上的继电器与其他电器相连，可以组成程序控制线路，实现系统的自动化运行。通过设定预先的控制程序和逻辑条件，当系统接收到特定的输入信号时，继电器可以根据程序要求对其他电器进行开关操作，从而实现自动化的生产流程或设备控制。例如，工业生产中的自动装配线、自动化生产线等都采用了这种方式，通过继电器的组合和控制，实现了生产过程的自动化和智能化。继电器的遥控功能使得远程控制成为可能。通过与遥控装置或远程监控系统相结合，继电器可以实现对远距离的设备或电路的控制。这种遥控功能在交通信号控制、电力系统调度、远程监控等领域得到了广泛应用，能够实现对分布在不同地点的设备进行远程控制和监测，提高了系统的灵活性和可操作性。继电器还可以实现对系统状态的监测和反馈。通过与传感器、监测设备等相连，继电器可以接收到系统的运行状态和参数信息，并根据预先设定的条件进行判断和处理。当系统出现异常情况时，继电器可以及时发出警报信号或采取相应的措施，保障系统的安全运行。这种监测功能在建筑物的火灾报警系统、工业生产过程的安全监控系统等方面都具有重要意义。继电器与其他电器的组合应用可以实现自动、遥控和监测功能，从而实现系统的自动化运行。这种应用方式不仅提高了生产效率和设备利用率，还提高了系统的灵活性和安全性，为各种领域的自动化控制提供了有效的解决方案。

五、控制继电器存在的缺点

继电器是家庭和工业控制中至关重要的组件，它们在各个领域的广泛应用带来了更高的可靠性，但同时也引发了一系列问题。传统继电器的长期磨损和疲劳工作条件下易受损，而且其触点容易产生电弧，甚至熔焊在一起，导致误操作和严重后果。此外，装有大量继电器的控制箱庞大笨重，继电器在全负荷运行时产生的热量和噪音不容忽视，还会消耗大量电能。继电器控制系统通常需要手工接线、安装，即使是简单的改动也需要大量的时间、人力和物力进行改造、安装和调试。

在这种情况下，人们开始寻找更加先进和高效的替代方案。其中一种解决方案是采用固态继电器。固态继电器不使用机械触点，而是通过半导体技术来实现开关功能，因此不会受到磨损和疲劳的影响，具有更长的使用寿命和更高的可靠性。此外，固态继电器没有机械触点，消除了电弧产生的风险，减少了误操作的可能性，提高了安全性。另一个解决方案是采用可编程逻辑控制器（PLC）或微控制器来替代传统的继电器控制系统。PLC 系统可以实现复杂的逻辑控制和自动化任务，具有更灵活的编程和配置能力，可以快速响应变化的需求。与传统的继电器控制系统相比，PLC 系统具有更高的集成度和可扩展性，可以减少控制箱的体积和重量，降低热量和噪音的产生，同时提高能效。尽管传统继电器在家庭和工业控制中仍然发挥着重要作用，但随着技术的发展，人们开始越来越多地采用固态继电器和 PLC 等先进技术来替代传统的继电器控制系统，以提高系统的性能、可靠性和可维护性。

六、继电器控制系统在工业生产中的应用—波轮式自动洗衣机

洗衣机的控制系统是一个复杂而精密的系统，通过多个部件的协调工作来实现洗涤、漂洗和脱水等功能。首先，启动按钮用来启动洗衣机的工作。一旦启动，控制系统按照预设的程序依次执行以下步骤：进水阶段控制系统使进水电磁阀打开，开始注水。当水位达到预设的高水位时，高水位开关检测到水位信号，控制系统关闭进水电磁阀，停止进水。洗涤阶段控制系统控制电机进行正转洗涤，持续 15 秒。洗涤完成后，暂停 3 秒。接着，控制系统控制电机进行反转洗涤，同样持续 15 秒。再次暂停 3 秒。之后，控制系统再次控制电机进行正转洗涤，如此反复进行 30 次。排水阶段控制系统使排水电磁阀打开，开始排水。当水位下降到低水位时，低水位开关检测到信号，控制系统开始脱水。脱水阶段同时进行排水和脱水，持续 10 秒，以确保洗涤桶内的水完全排出。循环重复上述步骤组成了一次完整的洗涤循环。经过 3 次大循环后，洗衣机进行漂洗。在漂洗完成后，进行洗衣完成报警，表明整个洗涤过程已经完成。报警和停机洗衣完成后，控制系统进行报警，持续 10 秒。在报警结束后，整个洗衣机系统自动停机，完成整个洗涤过程。整个控制过程通过各个部件的协调和时序控制，实现

了从进水到脱水的完整洗涤过程。这种自动化的控制系统大大简化了用户的操作，并确保了洗衣过程的高效和可靠性。

图 8　波轮式自动洗衣机

第二节　定时器控制系统

一、定时器控制系统的定义

定时器控制系统是一种自动化系统，其核心原理是通过预设的时间参数来控制设备或系统的操作。这种系统利用定时器来计时，并根据设定的时间表触发执行器执行特定的任务或操作。定时器控制系统的应用范围非常广泛，涵盖了诸多行业和领域，如工业生产、家庭自动化、建筑物管理等。

定时器控制系统能够提高设备操作的效率。通过预设的时间参数，系统可以在不需要人工干预的情况下按照预定的时间表自动执行任务。这种自动化操作可以减少人工介入，节省人力资源，同时也能够避免人为操作带来的误操作或遗漏，保证了操作的准确性和一致性。定时器控制系统提高了设备操作的可靠性。由于操作是基于预设的时间参数进行的，因此不会受到人为因素的影响或情绪波动。无论是白天还是夜晚、工作日还是节假日，系统都能按照预定的时间表准确执行任务，保证了设备的稳定运行，提高了设备的可靠性和稳定性。定时器控制系统还能够实现一些特定的功能，如节能和安全控制。通过合理设置定时器，可以在非工作时段自动关闭设备或系统，避免能源的浪费，实现节能减排的目的。同时，定时器控制系统也可以用于安全控制，例如定时开启或关闭安全设备，定时执行安全检查或维护任务，提高了设备操作的安全性。在工业生产中，定时器控制系统被广泛应用于各种生产设备和生产线的控制和调度。例如，定时器控制系统可以用于定时启动和停止生产线，定时执行清洁和保养任务，定时控制原料供给和产品出货等。这些应用可以提高生产效率，优化生产流程，降低生产成本，增强企业竞争力。定时器控制系统是一种简单、可靠、高效的自动化系统，能够提高设备操作的效率和可靠性，实现节能和安全控制，优化生产流程，为企业的发展和生产提供了有力的支持和保障。随着技术的不断进步和应用的不断拓展，定时器控制系统的应用前景将更加广阔。

二、定时器控制系统的原理

定时器控制系统是一种通过定时器组件来控制特定操作或事件的系统。其原理基于定时器的计时和触发功能，通过设置定时器的参数和逻辑控制实现对系统中各种活动的精确控制。该系统的核心组件是定时器，定时器可以是硬件定时器或软件定时器。硬件定时器通常集成在微控制器或微处理器中，而软件定时器则通过编程实现。无论是硬件还是软件，定时器都有一个计数器和一些控制寄存器，用于设置计时参数和控制计时器的工作模式。在定时器控制系统中，首先需要设置定时器的计时参数，包括计时单位、计数范围和计时周期等。然后，根据系统需求和控制逻辑，编写相应的程序或配置寄存器，以确定定时器何时开始计时、何时停止计时以及何时触发相应的事件或操作。定时器可以按照不同的工作模式进行配置，常见的工作模式包括定时模式、计数模式和 PWM（脉冲宽度调制）模式等。在定时模式下，定时器会根据设置的计时参数周期性地产生定时中断或触发事件；在计数模式下，定时器会根据外部信号的计数值进行计时；在 PWM 模式下，定时器会周期性地产生可调节占空比的脉冲信号。

通过合理地配置定时器的工作模式和参数，定时器控制系统可以实现诸如定时开关、周期性任务调度、脉冲生成、频率测量等功能。在嵌入式系统中，定时器控制系统常用于实现实时操作系统（RTOS）的时钟管理、任务调度和通信定时等功能。定时器控制系统通过定时器的计时和触发功能，结合逻辑控制和程序编写，实现对系统中各种活动的精确控制，是嵌入式系统和自动化控制领域中常用的一种控制手段。

第三节　逻辑控制系统

一、逻辑控制系统的定义

逻辑控制系统是一种广泛应用于工业、自动化、机器人和信息技术领域的系统，其主要功能是根据一系列预先设定的逻辑规则和条件，对系统的运行进行监控、调节和控制。该系统通过采集和处理输入信号，然后根据预先确定的逻辑关系来决定输出信号，从而实现对被控对象的精确控制。在逻辑控制系统中，逻辑规则被编码为一系列逻辑命令或条件，通常以逻辑电路或计算机程序的形式存在。这些规则可以基于布尔逻辑、模糊逻辑或其他形式的逻辑进行设计，以满足具体的控制需求。逻辑控制系统的设计通常涉及对系统结构、功能需求和性能指标的全面考虑，以确保系统能够有效地实现控制任务。逻辑控制系统通常由三个主要组成部分构成：输入设备、控制器和输出设备。输入设备用于采集系统的工作状态和环境参数，例如传感器、开关等。控制器是系统的核心部件，负责接收输入信号、执行逻辑规则并生成相应的控制信号。输出设备则根据控制信号对被控对象进行操作，例如执行机器人动作、调节工业生产设备或显示信息。逻辑控制系统的设计和应用涉及多个领域的知识，包括电子工程、计算机科学、自动化技术等。随着技术的不断发展，逻辑控制系统在各个领域的应用越来越广泛。例如，在工业生产中，逻辑控制系统可以实现自动化生产线的控制和监测，提高生产效率和产品质量；在机器人技术中，逻辑控制系统可以实现机器人的运动规划和执行，实现各种复杂任务；在信息技术领域，逻辑控制系统可以用于设计和实现各种智能算法和软件系统，提高系统的智能化和自主性。逻辑控制系统作为一种重要的控制技术，已经成为现代工业、科技和生活中不可或缺的一部分。通过合理设计和应用逻辑控制系统，可以实现对各种系统和过程的精确控制，促进科技进步和社会发展。

二、逻辑控制系统的原理

逻辑控制系统的原理基于逻辑运算和信号处理，通过将输入信号与预先设定的逻辑规则进行比较和处理，以确定输出信号，从而实现对系统的控制。逻辑控制系统通过输入设备采集外部环境或被控对象的状态信息，如传感器获取的温度、压力、位置等数据。这些输入信号经过模拟信号转换为数字信号，并经过预处理、滤波等操作，以确保信号的准确性和稳定性。系统根据具体的控制需求，确定一系列逻辑规则和条件。这些规则可以基于布尔逻辑、模糊逻辑等不同的逻辑形式，并以编程的方式实现在控制器中。例如，如果温度超过某个阈值，则触发散热装置动作；如果光线强度低于某个值，则开启照明设备等。控制器接收到输入信号后，根据预先定义的逻辑规则进行逻辑运算和判断。这包括比较、逻辑与、逻辑或、逻辑非等操作，以确定当前状态下应该采取何种控制动作。控制器中的逻辑电路或计算机程序负责执行这些运算，并生成相应的控制信号。控制器根据逻辑运算的结果生成相应的输出信号，控制输出设备对被控对象进行操作。输出设备可以是执行器、阀门、电机等，通过控制它们的状态或行为，实现对系统的调节、控制或操作。例如，根据逻辑判断开启或关闭机器人的执行器来实现特定动作，或者调节工业生产设备的运行速度和参数。逻辑控制系统的原理是基于对输入信号进行逻辑处理和决策，通过定义和执行逻辑规则来实现对系统的精确控制。这种控制方式具有灵活性高、响应速度快、适应性强等优点，被广泛应用于工业、自动化、机器人和信息技术等领域，为现代化生产和生活提供了重要支持。

三、逻辑控制系统的结构

逻辑控制系统的结构包括输入、处理和输出三个主要部分，每个部分都扮演着关键的角色，共同构成了一个完整的控制系统。

输入部分负责采集系统需要控制的信息和数据。这些信息可以是来自传感器、开关、键盘、触摸屏等各种输入设备的信号。传感器可以检测环境参数，如温度、湿度、压力、光照等；开关和键盘可以接收用户输入的指令或控制信号。输入部分的主要任务是将这些信号转换成数字信号，以便控制系统进行处理。处理部分是逻辑控制系统的核心，负责根据输入信号执行逻辑运算和决策，并生成相应的控制信号。处理部分通常由控制器组成，可以是硬件逻辑电路、微控制器、PLC（可编程逻辑控制器）或计算机等。在控制器中，预先定义的逻辑规则通过编程实现，以确定输出信号应该如何变化。处理部分还包括处理器、存储器、时钟等组件，用于执行逻辑运算、存储数据和控制系统的时序操作。输出部分接收处理部分生成的控制信号，并将其转换成适当的输出动作或指令，对被控对象进行操作。输出部分通常包括执行器、电机、阀门、显示器、报警器等输出设备，根据控制信号的不同，可以实现物理动作、显示信息、发出声音等操作。输出部分的设计与选择需根据具体的控制任务和被控对象的特性来确定，以确保系统能够有效地实现控制目标。逻辑控制系统的结构是一个闭环系统，输入部分采集外部信息，经过处理部分的逻辑运算和决策，生成控制信号，最终通过输出部分对被控对象进行操作，实现对系统的控制和调节。整个系统的运行是连续、自动的，在不断地接收输入信号、执行逻辑处理和输出控制信号的过程中，实现对系统状态的监测和调节，从而达到预期的控制效果。逻辑控制系统的结构可以根据具体的应用需求和控制任务进行灵活设计和组合，采用不同的输入设备、控制器和输出设备，以满足各种不同的控制需求。这种结构化的设计和实现方式使逻辑控制系统具有广泛的适用性和灵活性，在工业、自动化、机器人和信息技术等领域都有重要的应用价值。

第四节　PID 控制系统

一、PID 控制系统定义

PID 控制系统是一种广泛应用于工业控制、自动化系统和机器人等领域的经典控制方法。PID 即比例-积分-微分控制，是由比例控制、积分控制和微分控制三个部分组成的控制系统。其基本原理是通过测量系统输出与期望值之间的误差，经过比例、积分和微分三个环节的处理，产生控制量，使系统输出逼近期望值，实现系统稳定运行。

比例控制（Proportional Control）根据误差的大小直接产生控制量。当误差较大时，比例控制输出的控制量也较大，从而加快系统的响应速度；当误差较小时，输出的控制量相应减小，避免了系统的过冲和振荡。积分控制（Integral Control）通过累积误差的历史值来产生控制量。积分控制可以消除系统的静态误差，保证系统最终达到稳定状态。当系统存在静态误差时，积分控制会不断累积误差并产生控制量，直到误差被消除为止。微分控制（Derivative Control）根据误差变化的速度来产生控制量。微分控制可以提高系统的动态响应性能，抑制系统的振荡和过冲现象。当系统存在快速变化的干扰或负载时，微分控制可以迅速调整控制量，保持系统稳定。综合比例、积分和微分控制的作用，PID 控制系统能够在不同的工况下实现快速、稳定的控制。通过调节比例、积分和微分参数，可以实现对系统动态特性的灵活控制，满足不同应用场景的需求。PID 控制系统已广泛应用于温度控制、速度控制、位置控制等各种工业和自动化领域，是现代控制工程中的重要组成部分。

二、 PID 控制系统结构

PID 控制系统是一种经典的控制系统结构，由比例控制器（Proportional Controller）、积分控制器（Integral Controller）和微分控制器（Derivative Controller）三部分组成，用于实现对系统的闭环控制。比例控制器根据当前误差的大小产生控制输出。它将误差信号与比例增益相乘，产生与误差成正比的控制输出。比例控制器能够快速地响应系统的变化，并且可以控制系统的静态误差，但可能会导致系统的过冲和振荡。积分控制器通过累积误差的历史值来产生控制输出。它将误差信号与积分增益相乘并累积，产生与误差积分成正比的控制输出。积分控制器能够消除系统的静态误差，保证系统最终达到稳定状态，但可能导致系统的过冲和超调。微分控制器根据误差变化的速度来产生控制输出。它将误差信号与微分增益相乘并求导，产生与误差变化率成正比的控制输出。微分控制器能够提高系统的动态响应性能，抑制系统的振荡和过冲现象，但可能会增加系统对噪声和干扰的敏感度。PID 控制系统通过将比例、积分和微分控制器串联起来，综合利用它们各自的优点，实现对系统的精确控制。控制器的输出是这三个部分的加权和，可以通过调节各个控制器的增益参数来实现对系统动态特性的调节。PID 控制系统具有结构简单、调节方便、适用范围广等优点，在工业控制、自动化系统和机器人等领域得到了广泛应用。PID 控制系统的结构简单明了，通过比例、积分和微分三个部分的协同作用，能够实现对系统的高效稳定控制，是一种非常实用的控制系统结构。

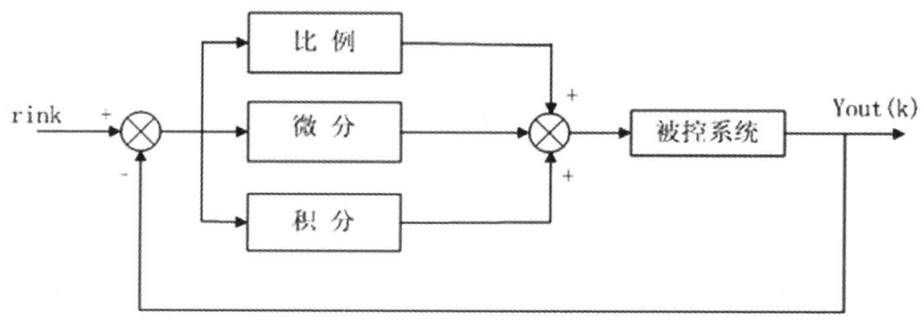

图 9　模拟 PID 控制系统原理框图

第三章　现代电气控制方式

第一节　PLC 控制系统

一、 PLC 控制系统概述

可编程控制器（Programmable Logic Controller，PLC）是一种在工业环境下广泛应用的数字运算操作电子系统。它的设计旨在适应工业生产的需求，具有可编程的存储器用于存储程序，并执行逻辑运算、顺序控制、定时、计数和算术运算等操作。PLC 通过数字式和模拟式的输入输出，控制各种类型的机械设备或生产过程，实现自动化控制。

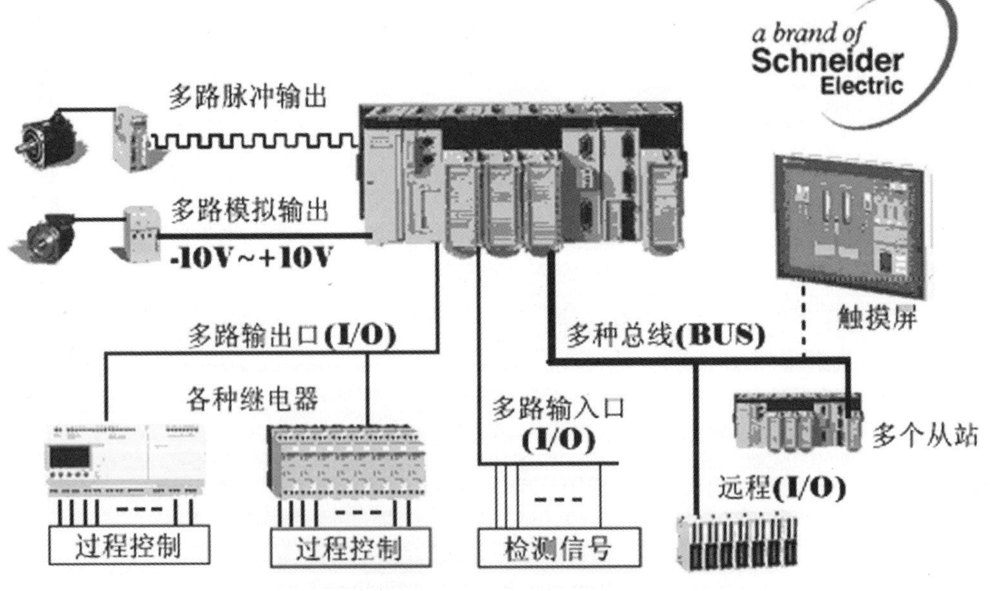

图 10　PLC 控制系统

PLC 的核心是其可编程的存储器，其中存储了控制系统的程序。这些程序由一系列指令组成，用于控制系统的各个方面，包括输入信号的处理、逻辑判断、输出信号的生成等。PLC 可以执行多种操作，如逻辑运算（与、或、非）、顺序控制（按照一定顺序执行特定操作）、定时和计数（根据设定的时间或计数条件执行操作）以及算术运算（对输入信号进行加减乘除等操作）。PLC 的输入输出接口可以与各种类型的传感器、执行器和其他外部设备连接，以实现对生产过程的监测和控制。这些输入输出接口可以是数字式的（如开关量输入输出）或模拟式的（如模拟量输入输出），能够适应不同类型的控制需求。PLC 的设计考虑了与工业控制系统的整合性和可扩展性。它可以与其他设备和系统无缝连接，形成一个完整的工业自动化控制系统。此外，PLC 系统的功能可以根据需要进行扩展和定制，以满足不断变化的生产需求和技术要求。可编程控制器是一种功能强大、灵活性高、适用性广泛的工业控制设备，它通过存储的程序和多种操作指令实现对生产过程的自动化控制，为工业生产提供了可靠的控制方案。PLC 的设计原则是易于整合和扩展，以满足不同工业应用场景的需求。

二、 PLC 的优点

（一）可靠性高

控制装置的可靠性是用户选择的首要条件之一，特别是在工业现场这样的环境中。P1C 在硬件和软件层面采取了一系列抗干扰措施，以确保其能够稳定可靠地工作。一般产品的平均无故障时间都在数万小时以上，这反映了 P1C 在设计和制造过程中对可靠性的高度重视。

P1C 在硬件设计上采用了高品质的组件和材料，确保其耐用性和稳定性。采用高质量的电子元件和工业级外壳，可以有效地抵御恶劣环境条件对装置的影响，如高温、湿度和振动等。此外，P1C 还采用了先进的散热设计，确保在长时间工作下不会因过热而影响性能。P1C 的软件系统经过精心设计和严格测试，具有高度的稳定性和可靠性。软件部分采用了先进的编程技术和算法，以提高系统的响应速度和处理能力，并最大程度地减少出现错误的可能性。同时，P1C 还配备了强大的故障检测和自我修复功能，能够及时发现并处理潜在的问题，确保系统始终处于稳定运行状态。除了硬件和软件层面的设计，P1C 还注重对产品生命周期的管理和维护。公司为用户提供全面的技术支持和售后服务，包括定期的维护和升级服务，以确保产品始终保持最佳状态。此外，P1C 还与多家行业领先的供应商合作，确保及时供应原材料和零部件，以应对潜在的供应链问题，进一步提高产品的可靠性和稳定性。P1C 以其在硬件和软件设计、产品管理和售后服务等方面的综合优势，确保了其在工业现场的稳定可靠运行。用户可以放心选择 P1C 作为控制装置，以满足其对高可靠性的需求。

（二）适应性强

PLC 产品的适应性强、应用灵活，是其在控制领域得到广泛应用的重要原因之一。PLC 产品通常成系列化生产，品种齐全，多数采用模块式的硬件结构，这使得用户可以根据自身需求进行灵活选用，并且方便组合和扩展。这种特点使得 PLC 可以满足不同系统大小和功能需求的控制系统要求。

PLC 产品的模块化设计使得用户可以根据具体需求选择不同的功能模块，并根据需要进行组合和扩展。这种灵活性使得 PLC 可以适用于各种不同规模和复杂度的控制系统，无论是小型机器设备还是大型工业生产线，都可以找到合适的解决方案。PLC 采用程序代替了传统继电器控制中的硬接线，其控制功能完全通过软件来实现。这种基于软件的控制方式使得 PLC 在控制逻辑和功能上更加灵活和可定制。当控制要求发生变化时，只需要简单地修改程序，而无需改变硬件接线，这大大降低了系统调整和维护的成本和工作量。与采用硬接线的继电器逻辑控制相比，PLC 的灵活性和可维护性明显更高。继电器控制需要进行复杂的硬件接线和布线，一旦控制要求发生变化，就需要重新设计和调整接线，工作量较大且易出错。而 PLC 则通过简单地修改程序就可以实现控制逻辑的调整，操作简便且准确性高，大大提高了系统的可操作性和稳定性。PLC 产品以其适应性强、应用灵活的特点，在工业控制领域得到了广泛的应用和认可。其模块化的设计和基于软件的控制方式使得用户可以轻松应对不同的控制需求，提高了系统的灵活性和可维护性，为工业自动化提供了可靠的解决方案。

（三）编程简单

PLC 作为一种计算机产品，其编程方式却十分简单易懂，这是其在工业控制领域广泛应用的重要原因之一。目前，大多数 PLC 采用继电器线路形式的“梯形图”编程方式及命令语句表（功能助记符）编程，这种编程方式简单直观，易于掌握，广大电气技术人员稍加学习就能够掌握，因此易于推广。

PLC 编程采用梯形图的形式，这种形式类似于传统的继电器控制线路图，对于熟悉传统电气控制的技术人员来说更具有直观性和易理解性。梯形图的布局清晰，逻辑关系一目了然，操作逻辑类似于人们平时所见到的电路图，因此不需要太多的专业知识就可以理解和操作。PLC 编程采用命令语句表（功能助记符）编程方式，即通过一系列简洁明了的指令来完成各种控制功能。这些指令通常采用简单的英文单词或者缩写，如 LD（逻辑与）、OUT（输出）等，易于记忆和理解。由于指令数量有限，不像一般的编程语言那样复杂，因此学习起来相对简单。PLC 编程工具通常都配备了友好的用户界面和辅助功能，如语法提示、自动完成等，这些功能能够帮助用户更加高效地进行编程。此外，PLC 编程工具还通常提供了丰富的示例程序和教程，用户可以通过实际操作来学习和理解，进一步降低了学习门槛。PLC 的编程简单易懂，采用梯形图和命令语句表编程方式，对于电气技术人员来说更具有可操作性和易学性。加之配备了友好的用户界面和丰富的辅助功能，PLC 编程不仅容易掌握，而且易于推广。这使得 PLC 成为工业控制领域中的首选方案之一，为工业自动化提供了便利和支持。

（四）设计、安装、调试方便

PLC 在控制系统设计、安装和调试方面具有显著的优势，为工程师们带来了极大的便利和效率提升。其设计灵活性和安装调试的简易性是其受欢迎的关键因素之一。PLC 内部含有大量的软件元件，相当于传统继电器系统中的中间继电器、时间继电器和计数器等。这些软件元件可以通过编程灵活地实现各种复杂的逻辑控制功能，而不需要进行繁琐的硬件接线和组装。因此，安装接线工作量大大减少，节约了时间和人力成本。PLC 采用程序（软接线）代替传统的硬接线方式，使得控制系统的设计、调试过程更加简便。设计人员只需掌握 PLC 编程技能，就能够进行控制系统的设计，并在实验室中进行模拟调试。通过使用小开关模拟输入信号，并观察 PLC 上相应的发光二极管状态，设计人员可以实时检验程序的正确性和可靠性。在模拟仿真调试过程中，设计人员可以轻松地发现设计中的问题，并通过修改程序来解决。PLC 编程工具通常提供了丰富的调试功能和实时监控功能，设计人员可以随时监视和调整控制系统的运行状态，确保其正常工作。调试好程序的 PLC 可以直接安装在现场进行统一调试，总的调试时间大大缩短。相比之下，传统的继电器系统需要进行复杂的接线和组装，调试过程耗时且容易出错。而PLC则通过软件编程的方式实现控制功能，调试过程更加简便高效。PLC在控制系统设计、安装和调试方面具有明显的优势，其设计灵活性和安装调试的简易性为工程师们节约了大量的时间和人力成本。通过使用PLC，控制系统的设计和调试过程变得更加高效和便利，为工业自动化提供了可靠的解决方案。

（五）维修方便

P1C在维修方面拥有显著的优势，其完善的自诊断、履历情报存储和监视功能使得维修工作更加简便、快捷，维修工作量大大减小。P1C内置了强大的自诊断功能，能够实时监测其内部工作状态、通信状态、异常状态以及I/O点的状态等。通过这些状态的显示，工作人员可以迅速了解PLC的工作情况，及时发现异常，以便及时处理。P1C具备履历情报存储功能，能够记录PLC的工作历史和运行状态。这些存储的信息可以帮助工作人员分析故障发生的原因和过程，为故障排除提供有力的依据。通过分析履历情报，工作人员可以更加精准地定位故障，并采取相应的措施进行修复。P1C还提供了对内部故障和外部设备故障的显示和监视功能。工作人员可以通过PLC的显示界面查看故障信息，快速判断故障的性质和范围。如果是PLC内部故障，工作人员可以采取相应的维修措施或者更换故障部件；如果是外部设备故障，工作人员可以及时对外部设备进行检修或更换，以恢复系统的正常运行。P1C在维修方面具有诸多优势，其完善的自诊断、履历情报存储和监视功能为维修工作提供了强有力的支持。通过这些功能，工作人员可以快速定位和解决故障，维修工作量大大减小，提高了系统的可靠性和稳定性。

（六）体积小，能耗低

西门子S7-212PLC主机作为一种先进的控制设备，不仅在功能上强大，而且在体积和能耗方面也表现出了出色的性能。其小巧的体积和低能耗使其成为在电器控制柜乃至仪表箱内安装的理想选择。

S7-212PLC主机的体积仅为160mmx80mmx62mm，重量在300~400g之间。这样小巧的体积使得它可以轻松地安装在电器控制柜内部，占用空间极少。相比于传统的控制设备，S7-212PLC的体积小得多，为现代化工业设备的紧凑设计提供了可能。S7-212PLC主机的能耗极低，功率在5~7W之间。低功率的设计不仅可以节省能源，降低使用成本，而且还减少了设备的发热量，进一步提高了设备的稳定性和可靠性。特别是对于需要长时间稳定运行的工业现场，低能耗是至关重要的考量因素。由于体积小、能耗低，S7-212PLC 主机可以像普通继电器一样作为一个元件安装在电器控制柜内，甚至可以放置在仪表箱内。这种设计使得它在各种工业场景中都能够灵活应用，为自动化控制系统的设计和实施提供了便利。西门子 S7-212PLC 主机以其小巧的体积和低能耗在工业控制领域展现出了独特的优势。其紧凑的设计和高效的性能使得它成为现代工业自动化系统中不可或缺的一部分，为工业生产的高效运行提供了可靠的支持。

三、 PLC 的结构原理

PLC（可编程逻辑控制器）作为一种典型的计算机结构，在工业自动化领域扮演着重要角色。其基本组成包括 CPU（中央处理器）、RAM（随机存储器）、ROM（只读存储器）以及输入和输出接口电路等。PLC 内部采用总线结构，用于数据和指令的传输，这使得它能够高效地进行逻辑运算和数据处理。如果将 PLC 看作一个系统，其由输入变量和输出变量组成。输入变量是指来自外部的各种开关信号、模拟信号以及传感器检测的各种信号，它们通过 PLC 的输入端子输入到内部寄存器中。这些输入信号可以是开关状态的信号，也可以是模拟量的变化，如温度、压力等。PLC 通过输入接口电路将这些信号转换为数字信号，并存储在内部的寄存器中，以备后续的逻辑运算和处理。在 PLC 内部，这些输入信号经过逻辑运算或其他各种运算、处理后，被送到输出端子。经过处理后的输出信号称为输出变量，它们控制着外围设备的各种动作。输出变量可以是开关信号，控制各种执行器的开关状态，也可以是模拟信号，控制各种执行器的运动、速度等。通过这些输出变量，PLC 可以实现对外围设备的各种控制，如马达的启停、阀门的开闭、灯光的控制等。在整个过程中，PLC 充当了一个中间处理器或变换器的角色，将输入变量经过逻辑运算和处理后，转换为输出变量，从而实现对外围设备的控制。PLC 的灵活性和可编程性使得它能够适用于各种不同的控制场景，从简单的开关控制到复杂的过程控制，都能够胜任。因此，PLC 已经成为工业自动化领域中不可或缺的重要设备，为现代工业生产提供了可靠的控制和监控手段。PLC 的核心概念在于其作为一个中间处理器或变换器的角色，将外部输入信号转换为相应的输出信号，实现对外围设备的控制。这种转换过程是通过内部的逻辑运算和处理来实现的，具体来说，PLC 内部的 CPU 负责执行用户编写的程序，通过读取输入信号的状态、执行逻辑运算和控制算法，最终生成相应的输出信号，控制外围设备的运行状态。

在这个过程中，PLC 的程序是关键的一环。用户可以使用类似梯形图或者其他编程语言编写程序，描述了输入变量与输出变量之间的逻辑关系和控制规则。这些程序被加载到 PLC 的内部，由 CPU 按照预设的循环顺序执行。通过这样的方式，PLC 能够实现对各种不同控制需求的灵活适应，使其在工业控制领域中得到了广泛应用。PLC 的输入和输出接口电路起到了连接外部设备和 PLC 内部的作用。输入接口电路负责将外部输入信号转换为数字信号，并将其传输到 PLC 内部的寄存器中，供 CPU 进行处理。而输出接口电路则将经过处理的输出信号传输到外围设备，实现对其控制。这些接口电路保证了 PLC 与外部设备之间的高效通信和数据交换，是 PLC 正常工作的重要组成部分。PLC 作为一个中间处理器或变换器，将外部输入信号转换为相应的输出信号，实现对外围设备的控制。其内部的 CPU、RAM、ROM 等组成部分以及输入输出接口电路共同协作，完成了这一转换过程。PLC 的灵活性、可编程性和稳定性使得其在工业自动化控制领域中得到了广泛应用，为工业生产提供了可靠的控制和监控手段。

四、 PLC 的工作原理

虽然 PLC 具有微机的一些特点，但其工作方式与传统的微机有很大的不同。微机一般采用等待命令的工作方式，即等待用户输入命令后才执行相应的操作。而 PLC 采用的是循环扫描工作方式，这是其与微机工作方式的显著区别。在 PLC 中，用户程序按照先后顺序存放在内部存储器中，CPU 从第一条指令开始执行程序，然后逐条执行，直至遇到结束符后又返回到第一条指令，如此周而复始，形成了一个循环。这种循环扫描的工作方式使得 PLC 能够持续不断地对输入信号进行采样、处理，并根据用户程序生成相应的输出信号。

整个工作过程可以分为五个阶段：PLC 在启动时会进行自检，检查各个部件的工作状态是否正常，以确保系统的稳定性和可靠性。自诊断过程通常包括检查 CPU、存储器、输入输出模块等各个部件的功能是否正常。与编程器、计算机等的通信：在某些情况下，PLC 需要与编程器或计算机进行通信，以进行程序的下载、上传或在线调试等操作。这个阶段主要是为了确保 PLC 与外部设备之间的正常通信。PLC 会顺序扫描各个输入点的状态，检测外部设备输入信号的变化情况。输入采样阶段是整个工作过程中的第一个关键步骤，它确定了 PLC 在当前周期内各个输入点的状态。一旦完成输入采样，PLC 就会根据用户编写的程序进行逻辑运算和处理。用户程序按照顺序执行，其中包括各种逻辑判断、计算、控制算法等操作，以确定输出信号的状态。在用户程序执行完毕后，PLC 会根据计算结果生成相应的输出信号，并将其刷新到输出端口上，控制外围设备的运行状态。输出刷新是整个工作过程中的最后一个关键步骤，它将用户程序的执行结果转化为实际的控制信号，驱动外部设备的运行。PLC 的循环扫描工作方式是在系统软件控制下顺序扫描各输入点的状态，按用户程序进行运算处理，然后顺序向输出点发出相应的控制信号。这种工作方式保证了 PLC 能够持续不断地对外部输入信号进行采样、处理，并根据用户程序生成相应的输出信号，从而实现对外围设备的控制。

第二节　DCS 控制系统

一、 DCS 控制系统的定义

集散控制系统是利用计算机技术对生产过程进行集中监视、操作、管理和分散控制的一种控制系统。它融合了集中控制和分散控制的优势，通过计算机网络将各个控制单元连接起来，实现对整个生产过程的智能化监控和控制。

集散控制系统实现了对生产过程的集中监视和操作。通过集中的监视站，操作人员可以实时获取生产过程中各个环节的状态信息、运行情况和生产数据，从而实现对整个生产过程的全面监控。监视站通常配备了图形化的界面和实时数据显示功能，操作人员可以通过图形化界面直观地了解生产现场的运行情况，并及时进行操作和调整。集散控制系统实现了对生产过程的分散控制。在生产现场，通过分散在各个设备或控制单元上的控制器，集散控制系统可以实现对各个设备或工艺单元的局部控制。这些控制器通过计算机网络与监视站相连，可以实现远程监控和控制。通过集散控制系统，可以实现对整个生产过程的智能化控制，提高生产效率和质量。集散控制系统具有灵活性和可扩展性。由于集散控制系统采用了计算机网络技术，各个控制单元之间可以实现快速、可靠的数据传输和通信。这使得系统具有很强的灵活性，可以根据生产需要随时进行扩展和改造，满足不同规模和复杂度的生产过程的控制需求。

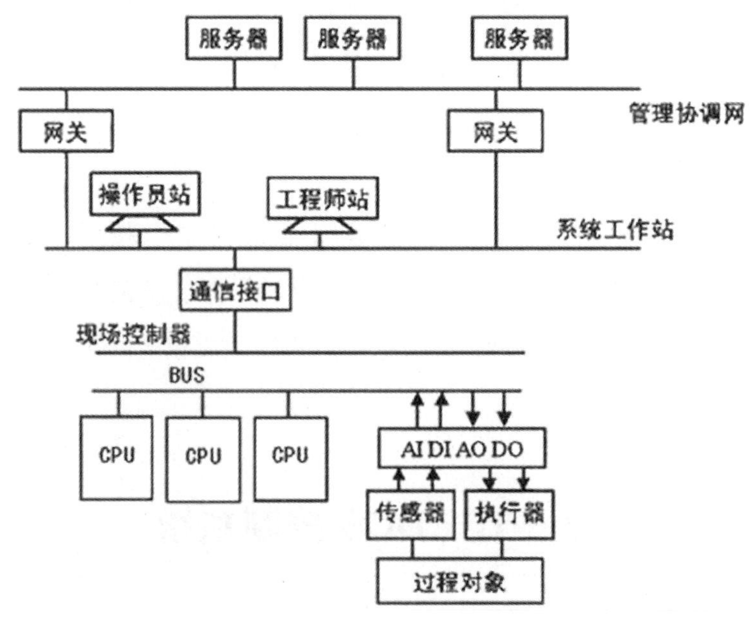

图 11 DCS 控制系统及其应用

集散控制系统还具有高可靠性和安全性。通过备份和冗余设计，集散控制系统可以保证系统的高可靠性，即使在部分设备或控制单元发生故障的情况下，系统仍然能够正常运行。同时，通过权限控制和密码保护等安全措施，可以保护生产数据的安全性，防止未经授权的访问和操作。集散控制系统通过集中监视、操作和管理以及分散控制的方式，实现了对生产过程的智能化监控和控制。它具有灵活性、可扩展性、高可靠性和安全性等优点，为现代工业生产提供了强大的技术支持，推动了工业自动化水平的不断提高。

二、 DCS 控制系统基本结构

（一）基本控制单元（站）

基本控制单元是 DCS（分散控制系统）中的核心组件，是直接控制生产过程的关键部分，也被称为现场控制站、过程控制站或基本控制器。它通过集成了微处理器、存储器、模拟量和数字量 I/O 接口、电源、通信接口及内部总线等多种功能于一体，具有数据采集、回路控制和顺序控制等重要功能，能够独立地完成生产过程的直接数字控制。

基本控制单元拥有数据采集功能。通过模拟量和数字量 I/O 接口，基本控制单元能够实时采集生产过程中各种传感器、仪表等设备传输过来的数据，包括温度、压力、流量等参数，以及开关状态等信息。这些数据是对生产过程状态的实时反映，为后续的控制和管理提供了重要的依据。基本控制单元具有回路控制功能。通过内置的控制算法和逻辑处理能力，基本控制单元可以对生产过程中的各种设备、阀门、执行器等进行精确控制，实现对生产过程的自动调节和控制。它能够根据预设的控制策略，及时调整控制参数，保持生产过程在设定的工艺要求范围内稳定运行。基本控制单元还具有顺序控制功能。它能够根据预设的逻辑顺序，按照一定的时间序列或条件逻辑，实现对生产过程中各个设备或系统的顺序控制。这种顺序控制功能使得基本控制单元能够实现复杂的生产工艺流程控制，提高了生产过程的自动化水平和生产效率。基本控制单元通过高速数据公路与其他基本控制单元、CRT 操作站、监控计算机等设备相连，实现了大规模的控制与管理。通过数据通信和信息交换，基本控制单元能够与其他设备实现实时的数据共享和协同工作，实现对整个生产过程的集中监控和控制。基本控制单元作为 DCS 中的关键组件，具有数据采集、回路控制和顺序控制等功能，能够实现对生产过程的高效监控和控制。它的应用为工业生产提供了先进的控制技术支持，提高了生产效率、降低了生产成本，促进了工业自动化水平的不断提高。

（二）CRT 操作站

CRT 操作站（CRT Operator Station）作为分散控制系统（DCS）中最主要的人机接口之一，扮演着关键的角色。它分为运行人员操作站和工程师操作站两种类型，分别用于生产现场的实时操作和系统的配置与组态。工程师操作站在 DCS 系统中具有以下系统配置和组态功能：

工程师操作站提供系统配置功能。在 DCS 系统的建设和部署阶段，工程师操作站用于对整个系统进行配置和参数设置。工程师可以通过操作站的界面进行硬件设备的配置，包括各个控制单元、通信设备、传感器、执行器等的设置和连接。此外，工程师还可以进行系统的网络配置，包括数据通道的设置和通信协议的选择，确保系统各部分之间的有效通信和数据传输。工程师操作站提供组态功能。组态是指对系统的图形化界面进行设计和布局，包括监视画面、控制界面、报警显示等。工程师可以通过操作站的图形化界面设计各种监视画面，将生产过程中的关键参数和状态信息以图形化的形式展示出来，使运行人员能够直观地了解生产过程的运行情况。同时，工程师还可以设计控制界面，提供操作按钮和控制元素，使运行人员能够对生产过程进行实时操作和控制。工程师操作站提供软件开发功能。在 DCS 系统中，往往需要根据实际的生产需求和工艺流程编写特定的控制程序和逻辑算法。工程师操作站提供了相应的开发环境和工具，使工程师能够进行控制程序的编写、调试和测试。工程师可以通过操作站的编程界面编写各种控制逻辑和算法，实现对生产过程的精确控制和优化调节。工程师操作站作为 DCS 系统中的重要组成部分，具有系统配置、组态设计和软件开发等功能。它为系统的建设和运行提供了关键的技术支持，促进了 DCS 系统的稳定运行和持续优化，推动了工业生产的智能化和数字化发展。

（三）硬件配置

硬件配置在分散控制系统（DCS）中扮演着至关重要的角色，它涉及到各个现场控制单元的站号定义以及单元内 I/O 的配置，包括定义各 I/O 信号的性质和信号调理类型等。硬件配置定义各现场控制单元的站号。站号是用来标识和区分 DCS 系统中各个控制单元的唯一标识符。通过为每个控制单元分配不同的站号，可以确保系统中的各个控制单元能够被正确识别和定位，避免发生混乱或冲突。站号的分配通常根据系统的布局和结构进行规划，按照一定的规则和约定进行设置。硬件配置进行单元内 I/O 配置。单元内 I/O 配置包括了对各种输入和输出信号的定义和配置，包括信号的性质、调理类型、接口类型等。输入信号通常包括传感器采集的各种过程参数，如温度、压力、流量等；输出信号则是用来控制各种执行器和设备，如阀门、泵、电机等。通过对这些信号进行配置，可以确保系统能够准确地采集和输出所需的数据和控制信号，实现对生产过程的有效监控和控制。定义各 I/O 信号的性质是硬件配置中的重要环节。性质包括了信号的类型、单位、量程范围等信息。根据不同的应用场景和控制要求，可以将信号分为模拟信号和数字信号。模拟信号通常是连续变化的信号，如温度、压力等；而数字信号则是离散的信号，如开关状态、报警信号等。对于模拟信号，还需要定义其单位和量程范围，以便系统能够正确地解析和处理信号的数值。这些信息对于系统的正常运行和数据解释至关重要。信号调理类型的定义也是硬件配置中的关键步骤。信号调理类型包括了对信号进行处理和转换的方式，以适应不同的输入和输出设备。常见的信号调理类型包括放大、滤波、线性化、平滑等。通过对信号进行适当的调理，可以提高信号的准确性和稳定性，减少噪声干扰，提高系统的可靠性和性能。硬件配置在 DCS 系统中扮演着至关重要的角色，它通过定义各现场控制单元的站号和进行单元内 I/O 的配置，实现了对系统硬件的有效管理和控制。合理的硬件配置能够确保系统能够正常运行，并且能够满足生产过程的监控和控制需求，为工业生产提供了可靠的技术支持。

（四）数据库组态

数据库组态在分散控制系统（DCS）中扮演着至关重要的角色，它涉及到系统数据库的各种参数定义，包括实时数据库和历史数据库。实时数据库组态主要包括了对各过程参数的定义和配置，而历史数据库组态则主要定义了进入历史数据库的数据及保存周期等。

实时数据库组态定义了各过程参数的名称和工程量转换系数。在 DCS 系统中，各种过程参数的名称是对生产过程中各种物理量或逻辑状态的描述，通过给每个参数定义一个唯一的名称，可以方便地对其进行识别和管理。工程量转换系数则是用来将采集到的原始数据转换为实际的工程量，如将模拟信号转换为相应的物理量，或将数字信号转换为逻辑状态，以便系统能够正确地解释和处理这些数据。实时数据库组态包括了对各过程参数的上下限值的定义。上下限值是指各过程参数允许的最大值和最小值，超出这个范围的数据将被视为异常数据，并触发相应的报警或保护措施。通过定义上下限值，可以确保系统能够在正常范围内运行，及时发现和处理异常情况，保障生产过程的安全和稳定。实时数据库组态还包括了对各过程参数的线性化处理和报警特性的定义。线性化处理是指对模拟量信号进行线性化转换，以保证其在整个量程范围内的准确性和稳定性。报警特性则是指对异常情况的处理方式，包括了报警级别、报警类型、报警条件等。通过定义这些参数，可以实现对生产过程中各种异常情况的及时响应和处理，保证生产过程的安全和可靠。历史数据库组态主要定义了进入历史数据库的数据及保存周期等。历史数据库用于存储历史数据，包括了生产过程中的各种参数和状态信息。通过定义进入历史数据库的数据和保存周期，可以确保系统能够及时地记录和存储生产过程中的重要数据，为后续的分析和统计提供依据，同时也为系统的故障诊断和故障分析提供了重要的数据支持。数据库组态在 DCS 系统中具有重要的作用，它通过定义各过程参数的名称、工程量转换系数、上下限值、线性化处理、报警特性等参数，实现了对生产过程的有效监控和控制。合理的数据库组态能够确保系统能够正常运行，并能够满足生产过程的监控和管理需求，为工业生产提供了可靠的技术支持。

（五）回路组态

回路组态在分散控制系统（DCS）中具有重要作用，它涉及到各控制回路的控制算法、调节周期、调节参数以及相关系数等的定义。常用的语言为功能块语言，通过定义这些参数，实现对控制回路的有效配置和调节。

回路组态定义了各控制回路的控制算法。控制算法是指对控制回路中输入信号进行处理和转换的方式，以实现对被控对象的稳定控制。常见的控制算法包括比例控制、积分控制、微分控制以及它们的组合形式，如 PID 控制算法。通过选择合适的控制算法，可以实现对不同类型的被控对象的精确控制，提高系统的稳定性和性能。回路组态包括了对调节周期和调节参数的定义。调节周期是指控制系统对被控对象进行调节和响应的时间周期，即控制系统对输入信号的处理和调整的频率。调节参数则是指控制系统中的各种参数和系数，包括了比例系数、积分时间、微分时间等。通过调节周期和调节参数的设置，可以实现对控制系统的动态特性和响应速度的调整，使其能够更好地适应生产过程的要求。回路组态还包括了对相关系数的定义。相关系数是指控制回路中各参数和信号之间的相关关系，包括了输入信号和输出信号之间的关系以及控制参数之间的关系等。通过定义相关系数，可以实现对控制回路的各种参数和信号之间的协调和配合，提高系统的整体性能和效率。常用的语言为功能块语言。功能块语言是一种图形化编程语言，通过拖拽和连接各种功能块来实现对控制回路的定义和配置。功能块语言具有直观、易用的特点，能够方便地实现对控制回路的组态和调试，提高了系统的开发效率和工作效率。回路组态在 DCS 系统中扮演着重要的角色，它通过定义各控制回路的控制算法、调节周期、调节参数和相关系数等，实现了对控制系统的有效配置和调节。合理的回路组态能够提高系统的稳定性和性能，保障生产过程的安全和稳定。

（六）高速数据公路

高速数据公路（Data High Way）作为分散控制系统（DCS）的支柱，扮演着至关重要的角色。它是一种具有高速通信能力的信息总线，也被称为高速数据通道，用于实现DCS中各个控制单元、监视站和计算机之间的快速、可靠的数据传输和通信。高速数据公路采用多种物理介质，包括双绞线、同轴电缆和光导纤维通信电缆等，以满足不同场景下的通信需求。

高速数据公路具有高速通信能力。在工业自动化领域，对实时性和响应速度的要求非常高，需要能够快速传输大量的数据。高速数据公路采用了先进的通信技术和高速传输协议，能够实现以高速率传输数据，确保信息的及时到达和准确传输，满足生产过程中的实时监控和控制需求。高速数据公路具有可靠性。在工业环境中，通信系统需要具备良好的抗干扰能力和稳定性，以应对复杂的工业现场环境。高速数据公路采用了多种物理介质，如双绞线、同轴电缆和光导纤维通信电缆等，这些介质具有良好的抗干扰性和传输稳定性，能够有效地抵御电磁干扰和噪声干扰，保障通信的可靠性和稳定性。高速数据公路具有灵活性和扩展性。随着工业生产的不断发展和扩张，DCS系统需要不断扩展和升级，以适应新的生产需求和技术要求。高速数据公路采用了标准化的通信接口和协议，能够与各种不同类型的设备和系统进行兼容和集成，实现系统的灵活配置和扩展，为DCS系统的升级和拓展提供了便利。高速数据公路为DCS系统提供了强大的通信基础。通过高速数据公路，各个控制单元、监视站和计算机之间可以实现实时的数据交换和共享，实现对生产过程的集中监控和控制。高速数据公路还支持多种通信模式和拓扑结构，包括总线型、星型、环形等，能够满足不同规模和复杂度的DCS系统的通信需求。高速数据公路作为DCS系统的支柱，具有高速通信能力、可靠性、灵活性和扩展性等优势，为工业生产提供了强大的通信基础，推动了工业自动化水平的不断提高，促进了工业生产的智能化和数字化发展。

（七）监控计算机

监控计算机在分散控制系统（DCS）中是主要的计算和控制核心，也被称为上位机。它承担着对整个系统的所有信息进行综合管理和处理的任务，具备复杂运算的能力和多输入、多输出的控制功能，能够实现系统的最优控制。监控计算机通常采用直接存储器存取方式（DMA），可以直接访问和改变各站的数据库，这种设计为系统提供了高效的数据处理和控制功能。

监控计算机作为主要的计算和控制核心，承担了对整个系统的监控和管理任务。它通过连接各个分布式的控制单元和操作站，实现了对生产过程的全面监控和控制。监控计算机能够实时地采集、处理和分析各种过程参数和状态信息，监测生产过程的运行状态，并根据预先设定的控制策略进行相应的调节和控制，以保证系统的稳定运行和高效生产。监控计算机具备了复杂运算的能力和多输入、多输出的控制功能。它可以根据系统的需求进行复杂的数据处理和计算，包括了对数据的统计分析、模型建立和优化算法等。同时，监控计算机还能够控制多个输入信号和输出信号，实现对多个控制回路和执行器的同时控制，保证系统的整体性能和效率。监控计算机采用了直接存储器存取方式（DMA），可以直接访问和改变各站的数据库。这种设计方式为系统提供了高效的数据传输和处理能力，能够实现对分布式控制单元的快速响应和调节。监控计算机可以直接读取和写入各站的数据库，实现对系统参数和状态的动态调整和控制，从而保证了系统的稳定性和灵活性。监控计算机作为分散控制系统的主要计算和控制核心，具备了复杂运算的能力和多输入、多输出的控制功能，能够实现对整个系统的最优控制。采用直接存储器存取方式，使得监控计算机能够高效地访问和改变各站的数据库，为系统的高效运行和管理提供了重要支持。

（八）高速数据通道

高速数据通道在分散控制系统（DCS）中扮演着至关重要的角色，它由通信电缆、数据传输管理指挥装置等组成，是实现分散控制和集中管理的关键组成部分。高速数据通道作为信息传输的纽带，连接了各个过程控制单元，实现了上通下达的功能，对于提高生产过程的自动化程度和效率至关重要。

高速数据通道通过通信电缆等物理介质连接了分散设置的多个过程控制单元。这些过程控制单元分布在生产现场的各个关键位置，负责对生产过程进行实时监控和控制。通过高速数据通道，这些分散设置的控制单元能够实现快速、可靠的数据交换和通信，确保生产过程的实时监控和控制。高速数据通道通过数据传输管理指挥装置等设备实现了数据传输和管理的功能。数据传输管理指挥装置负责对数据进行调度和管理，确保数据能够按照预定的时序和优先级进行传输，保障生产过程的稳定运行。它还负责对数据进行处理和转发，确保信息的及时到达和准确传输。高速数据通道是实现分散控制和集中管理的关键。在分散控制系统中，各个过程控制单元分布在不同位置，具有一定的自治性和独立性。高速数据通道通过将这些分散设置的控制单元连接起来，实现了信息的共享和协调，实现了分散控制和集中管理的有机结合。通过高速数据通道，上级管理人员可以实时监控生产过程的运行情况，及时下达指令和调整参数，实现对生产过程的有效管理和控制。高速数据通道作为分散控制系统的关键组成部分，连接了分散设置的多个过程控制单元，实现了信息的快速传输和管理。它是实现分散控制和集中管理的纽带，为提高生产过程的自动化程度和效率提供了重要支持，推动了工业生产的智能化和数字化发展。

三、 DCS 控制系统的优点

（一）可靠性高

分散控制系统（DCS）在工业自动化中扮演着关键的角色，其可靠性是确保工艺运行顺利的生命线。一般来说，可靠性常以两个重要参数来衡量：平均无故障时间（MTBF）和平均故障修复时间（MTTR）。在大多数 DCS 中，MTBF 可达 5 万小时，而 MTTR 则大约为 5 分钟左右。这些指标的高低直接影响到系统的稳定性和持续运行能力。

实现高可靠性的关键在于采用多种技术手段。首先，广泛采用冗余技术是其中之一。通过在系统中引入冗余组件，当一个组件发生故障时，系统可以自动切换到备用组件，从而保证了系统的连续性和可用性。此外，容错技术的应用也至关重要。容错技术能够在系统遭受到部分故障时继续正常运行，从而最大限度地减少了故障对系统整体性能的影响。先进的自诊断功能也是提高 DCS 可靠性的重要手段之一。系统可以通过自我诊断来检测故障并尽快进行修复，从而减少了因故障而造成的停机时间。此外，采用高集成度器件和可靠性设计的部件也能有效提升系统的可靠性。这些器件在设计和制造时考虑了各种可能的故障情况，从而降低了故障的发生率，延长了系统的使用寿命。DCS 的结构上采用了分散控制的方式，每个子系统均含有微处理器并具有完善的自治能力。这种结构使得系统能够实现分布式控制，即使某个子系统发生故障，其他子系统仍然可以独立运行，从而保证了系统的整体运行安全性和可靠性。因此，分散控制结构在提高系统安全性和可靠性方面发挥了重要作用。通过采用冗余技术、容错技术、先进的自诊断功能以及可靠性设计的部件，结合分散控制结构，可以显著提高分散控制系统的可靠性，确保工业生产过程的稳定运行。

（二）控制功能完善

集散控制系统（DCS）作为一种先进的工业自动化系统，具备多种控制功能，包括连续量、离散量以及批处理控制功能。这些功能的整合使得 DCS 能够应对不同类型的工业过程，并实现高效、精确的控制。串级控制是一种层级控制策略，可以通过对一个控制环节的输出作为另一个控制环节的输入来实现更精确的控制。这种控制方式常用于需要快速响应和准确跟踪参考信号的过程。前馈控制可以根据已知的扰动或参考信号提前作出控制调节，以减少系统的响应时间和提高控制精度。而反馈控制则根据系统的实际输出来调节控制器输出，以实现系统的稳定性和鲁棒性。预估控制是一种基于对系统未来行为的预测来进行控制决策的方法。它可以考虑系统的动态特性和约束条件，从而实现更优的控制性能，特别适用于具有时滞和非线性特性的系统。自适应控制是一种能够根据系统的动态变化自动调整控制参数的控制方法。通过监测系统的性能指标和环境变化，自适应控制器可以实现对系统的实时调节，从而保持系统的稳定性和性能。解耦控制是一种通过调节多变量系统的控制输入，消除不同变量之间的相互影响，从而实现各个变量之间的独立控制的方法。这种控制方式常用于具有强耦合性的多变量系统，能够提高系统的控制精度和稳定性。最优控制是一种通过优化控制目标函数来实现系统最佳性能的控制方法。它可以考虑系统的动态特性、约束条件和性能指标，从而实现对系统的最优调节，提高系统的效率和经济性。人工智能控制是一种利用人工智能技术来实现系统控制的方法，包括神经网络控制、模糊控制、遗传算法控制等。这些方法能够处理复杂的非线性系统和大量的数据，实现对系统的智能化控制和优化。集散控制系统具有多种高级控制功能，包括串级控制、前馈与反馈控制、预估控制、自适应控制、解耦控制、最优控制以及人工智能控制等，这些功能的应用能够提高系统的控制性能、稳定性和可靠性，满足不同工业过程的需求。

（三）具有管理功能

综合自动化系统是利用先进的管理技术实现生产加工、计划管理以及实验与办公自动化的一种管理控制一体化系统。通过整合各个环节的信息流、物流和资金流，综合自动化系统实现了生产过程的智能化和高效化管理。其优势在于可以提高产量、降低能耗、缩短生产周期以及减少库存，

综合自动化系统通过自动化设备、传感器和执行器等技术手段，实现了生产加工过程的自动化控制和监测。生产线上的各个环节能够实现智能化的协同操作，提高了生产效率和产品质量。自动化生产还能减少人为因素的干扰，降低了生产过程中的误差率和废品率，从而提高了产量。综合自动化系统通过先进的计划管理算法和信息系统，实现了生产计划的智能化编制和调整。系统可以根据市场需求、原材料供应情况和生产能力等因素进行动态调整，确保生产计划的合理性和执行性。同时，系统还能够实现生产资源的优化配置，提高了生产利用率和效益。综合自动化系统通过实验室信息管理系统和办公自动化软件，实现了实验数据的自动采集、分析和共享，以及办公流程的智能化管理。这些技术手段能够提高实验效率、降低实验成本，并且实现了办公流程的电子化和智能化，提高了办公效率和管理水平。综合自动化系统的实施可以带来多方面的好处。通过生产加工的自动化，能够提高生产效率和产品质量，从而增加了产量。通过计划管理的自动化，能够提高生产计划的准确性和执行性，降低了生产周期。再者，通过实验与办公的自动化，能够提高了实验效率和办公效率，降低了生产成本。综合自动化系统的实施还能够减少库存，降低了库存成本和资金占用成本，提高了企业的盈利能力。综合自动化系统的实施需要综合考虑生产过程的特点和企业的实际情况，通过整合先进的管理技术和自动化设备，实现生产加工、计划管理以及实验与办公的一体化自动化，从而实现生产效率的提高、成本的降低和企业竞争力的增强。

（四）构成系统方便灵活

集散控制系统的模块化结构是其设计中的重要特点，既包括硬件方面的模块化设计，也包括软件方面的模块化设计。这种结构的主要目的是为了提高系统的配置灵活性和扩展性，使其能够适应不同规模和需求的工业控制应用。

硬件模块化设计使得集散控制系统的各个组件可以根据需要进行灵活组合和扩展。系统中的各种传感器、执行器、控制器等硬件设备都设计为独立的模块，可以根据具体的应用场景进行选择和搭配。这样一来，用户可以根据自身的需求和预算，选择合适的硬件组件来构建一个定制化的控制系统，从而实现了系统配置的灵活性。软件模块化设计使得集散控制系统的控制软件可以根据用户需求进行定制和组态生成。控制软件通常采用一种面向用户的图形语言，用户可以通过简单直观的界面进行参数设置和逻辑配置，而不需要深入了解底层的计算机原理和编程技术。这种用户友好的设计使得即使对计算机不熟悉的人也能够轻松上手，掌握系统的使用和维护。这种模块化结构为集散控制系统的组态、整定、修改、维护和扩充带来了极大的灵活性。用户可以根据实际需要随时调整系统的配置和参数设置，而无需对整个系统进行重大改动。当需要扩展系统的功能或适应新的生产需求时，也可以通过添加新的硬件模块或调整软件配置来实现，而不会影响到系统的正常运行。除了灵活性之外，模块化结构还有助于提高系统的可靠性和维护性。由于系统的各个组件都是独立的模块，因此在出现故障或需要维护时，可以更方便地进行定位和替换，从而缩短了维修时间，提高了系统的可用性和稳定性。集散控制系统的模块化结构为用户提供了灵活性、易用性、可靠性和维护性的多重优势。这种设计理念不仅满足了用户对于个性化定制和快速响应的需求，同时也为系统的长期稳定运行提供了坚实的基础。

（五）高度集中的操作显示功能

采用 CRT 显示和键盘操作的集散控制系统具有许多优势，使用户能够方便地进行系统监视、操作和配置，实现对整个系统的全面控制。CRT 显示器提供了一个大屏幕显示界面，用户可以通过键盘操作快速浏览整个系统的总貌。这种综合显示方式使用户可以一目了然地了解系统的工作状态、连接情况和重要参数，为系统的管理和调控提供了重要参考。集散控制系统通常会将各个控制回路划分为不同的分组或区域，CRT 显示器可以将这些分组参数直观地显示在屏幕上，使用户可以对每个分组的工作状态进行实时监视。通过这种方式，用户可以快速定位到特定的控制回路，进行必要的调整和优化。用户可以通过键盘操作选择任意一个控制回路进行监视和操作。CRT 显示器提供了直观的用户界面，显示当前回路的运行状态、控制参数和输出情况，用户可以通过键盘输入命令对其进行调节、控制或修改，实现对系统的精细化管理。采用 CRT 显示和键盘操作的集散控制系统具有灵活的系统配置和组态功能。用户可以通过键盘输入命令对系统的配置参数进行调整和修改，实现对系统功能的定制化和优化。同时，系统还提供了图形化的组态界面，使用户可以通过简单直观的操作完成系统的组态设置，无需深入了解底层技术和编程知识。采用 CRT 显示和键盘操作的集散控制系统具有直观、灵活、易用的特点，为用户提供了便捷的系统监视、操作和配置手段。这种系统结合了先进的显示技术和用户友好的操作界面，使用户能够快速、准确地了解和管理系统的运行状态，提高了系统的可靠性、稳定性和可维护性。

（六）性能价格比高

性能价格比高是指在相同价格范围内，集散控制系统能够提供更高水平的性能和功能。采用 CRT 显示和键盘操作的集散控制系统在性能价格比方面具有显著优势，硬件成本相对较低。CRT 显示器和标准键盘是相对成本较低的设备，在集散控制系统中的使用成本相对较低。与其他高级显示设备相比，CRT 显示器具有较低的制造成本和维护成本，因此能够在不增加系统价格的情况下提供可靠的显示功能。系统设计简洁高效。采用 CRT 显示和键盘操作的集散控制系统通常采用模块化设计，软硬件结构简洁清晰，不需要过多的复杂电路和设备。这种简洁高效的设计使得系统的制造成本和维护成本得到有效控制，从而提高了系统的性能价格比。易于维护和升级。CRT 显示器和标准键盘是常见的标准设备，易于获取和更换。采用这些设备的集散控制系统具有较强的通用性和兼容性，可以方便地进行维护和升级。用户可以根据需要随时更换设备或升级系统，而不需要过多的专业知识和技术支持，降低了系统的运营成本。性能优化与成本控制相结合。采用 CRT 显示和键盘操作的集散控制系统在设计上注重性能优化和成本控制的平衡。系统设计师在选择硬件设备和设计软件功能时，会综合考虑性能需求和成本限制，力求在保证系统功能完备的同时，尽量降低系统的制造成本和维护成本，从而提高了系统的性能价格比。采用 CRT 显示和键盘操作的集散控制系统具有性能价格比高的优势。其低成本的硬件设备、简洁高效的系统设计、易于维护和升级以及性能优化与成本控制相结合等特点，使得该系统能够在相同价格范围内提供更高水平的性能和功能，为用户带来更大的经济效益和使用价值。

第三节　CNC 控制系统

一、 CNC 控制系统的定义

数字控制（Numerical Control，NC）是一种近代发展起来的自动控制技术，相对于传统的模拟控制而言。在数字控制系统中，控制信息是以数字形式表示的，而在模拟控制系统中，控制信息则以模拟形式表示。

数字控制系统的控制信息是数字量。这意味着在数字控制系统中，所有的控制参数、指令和反馈信号都以数字形式表示，通常是通过计算机或类似的数字设备来处理和传递。数字控制系统的数字化特性使其具有更高的精度、更灵活的控制能力以及更容易实现自动化和集成化。数字控制系统通常由计算机或微处理器控制。这些计算机或微处理器负责执行预先编程的控制算法，根据输入信号和预设参数来生成控制指令，并实时监测和调整系统的状态。这种基于计算机的控制方式使数字控制系统具有更高的智能化水平和更灵活的控制策略，能够适应各种复杂的控制任务和工作环境。数字控制系统广泛应用于各种工业领域。例如，数控机床是数字控制技术最典型的应用之一，它通过数字化控制系统实现对机床的自动化控制和精密加工。此外，数字控制还应用于汽车制造、航空航天、电子制造、医疗设备等领域，为各种生产过程提供了高效、精确和可靠的控制手段。数字控制技术的发展推动了制造业的现代化和自动化进程。它不仅提高了生产效率和产品质量，还降低了生产成本和人力资源投入。随着数字技术的不断发展和普及，数字控制系统在工业生产中的应用将会越来越广泛，为推动工业 4.0 和智能制造提供了重要支持。数字控制技术作为一种先进的自动化控制手段，已经成为现代工业生产不可或缺的重要组成部分。它的发展不仅推动了工业技术的进步，也为人类社会的发展带来了新的机遇和挑战。

二、 CNC 控制系统的特点

（一）可用不同的字长表示不同的精度的信息，表达信息准确

在数字控制系统中，可以利用不同的字长来表示不同精度的信息，从而实现对信

息的准确表达。字长指的是计算机中用于表示数字的位数，通常以位（bit）为单位。

数字控制系统通过增加字长来提高信息的精度。字长越长，系统可以表示的数字范围就越广，同时精度也越高。例如，一个 8 位的数字可以表示 0 到 255 之间的整数，而一个 16 位的数字可以表示更大的范围，并且可以表示更精确的小数。不同的控制任务可能需要不同精度的信息。在数字控制系统中，可以根据具体的应用需求选择合适的字长来表示信息。对于一些需要高精度控制的任务，可以选择较长的字长来表示信息，以提高控制系统的精度和稳定性。而对于一些对精度要求不高的任务，可以选择较短的字长来表示信息，以降低系统的成本和复杂度。通过合理设计和选择字长，数字控制系统可以实现对不同精度信息的有效处理和管理。例如，在数字信号处理中，可以利用不同字长的数据类型来表示不同精度的信号，从而实现对信号的高效处理和分析。通过灵活的字长设计，数字控制系统可以实现对信息的精确表达和处理，满足各种应用场景的需求。利用不同字长表示不同精度的信息是数字控制系统实现信息准确表达的重要手段之一。通过合理选择和设计字长，数字控制系统可以实现对信息的高效处理和管理，提高控制系统的性能和可靠性，为各种应用场景提供有效的解决方案。

（二）可进行逻辑运算、算数运算，也可进行复杂的信息处理

数字控制系统具有广泛的功能，可以进行逻辑运算、算数运算，以及复杂的信息处理，这使得它在各种应用领域中都具有重要的作用。数字控制系统可以进行逻辑运算。逻辑运算是数字电路中常见的一种运算方式，它包括与门、或门、非门等逻辑门的运算，用于实现数字信号的逻辑判断和处理。数字控制系统通过逻辑运算可以实现对输入信号的处理和分析，从而实现对控制过程的精确控制和判断。数字控制系统可以进行算数运算。算数运算是数字控制系统中的一项基本功能，它包括加法、减法、乘法、除法等基本算术运算，以及各种高级算法的实现。数字控制系统通过算数运算可以对输入信号进行数值计算和处理，从而实现对控制过程的精确控制和调节。数字控制系统还可以进行复杂的信息处理。数字控制系统通常由计算机或微处理器控制，这些计算机或微处理器具有强大的计算和数据处理能力，可以实现各种复杂的信息处理任务。例如，数字控制系统可以实现数据采集、数据存储、数据传输、数据处理等功能，从而实现对控制系统的全面管理和控制。在工业自动化领域，数字控制系统被

广泛应用于各种生产设备和过程控制系统中。例如，在数控机床中，数字控制系统可以实现对加工过程的精确控制和调节，从而提高加工精度和效率。在自动化生产线上，数字控制系统可以实现对生产过程的自动化控制和监控，从而提高生产效率和质量。在通信领域，数字控制系统被广泛应用于通信设备和通信网络中。例如，在数字通信系统中，数字控制系统可以实现对通信信号的编码、解码、调制、解调等处理，从而实现对通信过程的精确控制和管理。数字控制系统具有丰富的功能和广泛的应用领域，它可以实现对各种信号和数据的精确处理和控制，为现代科技和工业生产提供了重要的支持和保障。

（三）可根据不同的指令进行不同方式的信息处理

数字控制系统具有高度灵活性和可编程性，可以根据不同的指令进行各种方式的信息处理，这使得它在各种应用领域中都能够适应不同的需求并实现多样化的功能。数字控制系统能够根据不同的指令进行逻辑处理。通过编程和控制指令，数字控制系统可以实现逻辑判断、条件判断、逻辑运算等功能。例如，在工业控制系统中，数字控制系统可以根据不同的逻辑条件来控制设备的启停、转向、速度调节等操作，从而实现对生产过程的精确控制和调节。数字控制系统可以进行算术处理。通过算术指令和数学运算功能，数字控制系统可以对输入信号进行加减乘除、积分微分、平方根等各种算术运算和数值计算。例如，在科学仪器和工程控制系统中，数字控制系统可以实现对各种物理量和参数的测量、计算和处理，从而实现对实验和生产过程的精确控制和监测。数字控制系统还可以进行数据处理和转换。通过数据处理指令和数据处理功能，数字控制系统可以对输入信号进行采样、滤波、平滑、变换等处理，从而提取出有效信息并实现对信号的有效处理和转换。例如，在通信系统和信号处理系统中，数字控制系统可以实现对模拟信号和数字信号的转换、编码、解码等操作，从而实现对通信和信息传输过程的控制和管理。数字控制系统还可以实现复杂的逻辑控制和算法运算。通过编程和算法设计，数字控制系统可以实现各种复杂的控制算法和逻辑控制策略，从而实现对复杂系统的自动化控制和管理。例如，在自动驾驶汽车和机器人系统中，数字控制系统可以实现对环境感知、路径规划、运动控制等各种功能的自动化处理和控制。数字控制系统具有丰富的功能和灵活的处理能力，可以根据不同的指令和需求实现各种方式的信息处理。它在工业、科学、通信、医疗等各个领域都有广泛的应用，为现代社会的发展和进步提供了重要的支持和保障。

三、 CNC 控制系统的典型案例——数控机床

（一）数控机床的组成和加工特点

数控机床是一种高精度、高效率的加工设备，它能够根据预先编制的数控加工程序对工件进行精密加工。在数控机床进行加工之前，需要进行一系列的准备工作，包括数字化工件几何信息和工艺信息，编制数控加工程序，并将程序信息输入数控系统。接下来，数控系统根据加工程序信息进行信息处理和插补计算，最终控制机床的执行部件按照预定的轨迹和速度进行运动。

对工件进行几何信息的数字化。这一步通常通过三维扫描仪、CAD 软件等工具对工件进行扫描或设计，获取工件的几何形状、尺寸和位置等信息，并将其转换为数字化的数据格式，如 STL 文件、STEP 文件等。编制数控加工程序。数控加工程序是描述工件加工过程的指令序列，通常由加工路径、刀具路径、加工参数等内容组成。程序员根据工件的几何信息和加工要求，利用 CAM 软件或手工编程等方式编制加工程序，并按照规定的代码和格式进行格式化和校验。将加工程序信息输入数控系统。编制好的加工程序通过网络传输、U 盘、软盘等介质输入到数控系统中，以便后续的加工操作。在输入过程中，需要确保程序的完整性和准确性，并进行必要的校验和验证。数控系统进行信息处理和插补计算。数控系统接收并解析输入的加工程序信息，根据预设的加工路径和参数进行插补计算，计算出每个加工点的理想轨迹和运动速度，以及相应的加工指令和控制信号。控制机床的执行部件进行运动控制。数控系统将处理的结果输出到机床的执行部件，包括伺服驱动器、电机、液压缸等，通过控制这些执行部件按照预定的轨迹和速度进行运动，实现工件的加工操作。完成工件的加工。数控机床根据数控系统的指令和控制信号，精确地控制刀具或工件台的运动，按照预先设定的加工路径和加工参数对工件进行加工，最终完成工件的加工任务。数控机床的加工过程涉及到多个环节和多个部件的协同工作，通过数字化、编程、计算、控制等技术手段实现对工件的精密加工，为工业制造提供了高效、精确和可靠的加工解决方案。

（二）数控机床的加工过程

1. 信息输入

零件加工程序是数控机床进行加工操作的核心，它包含了加工所需的全部信息，包括尺寸、形状、切削参数等。零件加工程序需要记录在输入介质上，这些介质通常是穿孔纸带、磁带、磁盘等。这些介质承载着加工程序的信息，可以通过键盘或通信接口输入到数控系统中。加工程序按照程序段的形式编排，每个程序段包含了加工零件某一部分所需的全部信息，包括加工段长度、形状、切削速度、进给速度以及进给量等。这些信息根据工程图和加工要求编制而成。在编制零件加工程序时，需要获取工程图上的尺寸信息和外形特征，尺寸通常按照每一个运动轴，如 X、Y 轴等，分别给出。而外形特征则描述了零件的形状，可以是圆形、直线或其他特定形状。根据加工要求和工件材料的性质，确定切削速度、进给速度以及切削液通断、主轴回转方向、齿轮变速等其他辅助功能。这些参数通常根据表面粗糙度和公差要求进行设定，以确保加工质量和效率。在实际加工过程中，数控系统按照输入的程序段依次执行，刀具根据程序段中的指令进行相应的运动和切削操作。每执行一个程序段，刀具就完成了一部分切削加工，最终完成整个零件的加工过程。零件加工程序是数控机床进行加工操作的重要指导，它包含了加工过程中所需的全部信息，通过编制精确的加工程序，可以实现对工件的精密加工和高效生产。

2. 信息处理

信息处理是数控加工的核心任务，它由计算机完成，承担着识别、换算和插补计算等重要功能。数控系统通过输入介质读取加工程序的信息。输入介质中包含了每个程序段的加工数据和操作命令，这些信息通常以符号或数字形式记录，包括加工段长度、形状、切削速度、进给速度等参数。数控系统对输入的加工程序信息进行识别和解析。通过解析加工程序，数控系统可以识别每个程序段所包含的加工数据和操作命令，包括工件的几何形状、加工路径和加工参数等。数控系统进行换算和插补计算。在插补计算过程中，数控系统根据程序信息计算出运动轨迹上许多中间点的坐标，这些中间点的坐标表示了刀具在加工过程中的位置和运动轨迹。通过换算和插补计算，数控系统可以确定每个中间点的位置和位移量。数控系统将计算得到的中间点坐标以位移量的形式输出。这些位移量表示了从前一个中间点到后一个中间点的位移距离和方向，可以用来控制机床的运动轨迹和切削加工过程。数控系统通过接口电路向各个坐标轴的执行元件发送操作信号。执行元件接收到操作信号后，控制机床按照规定的速度和方向移动，以完成零件的成形加工。通过精确的控制和调节，数控系统可以实现对工件的高精度加工和复杂形状加工。信息处理是数控加工过程中的核心任务，它通过计算机完成对加工程序的识别、换算和插补计算，实现对机床运动轨迹和切削加工过程的精确控制，为工件的成形加工提供了可靠的技术支持。

3. 伺服执行

伺服执行部分是数控机床中至关重要的组成部分，其主要作用是将插补输出的位移或位置信息转换成机床的进给运动。伺服执行部分承担了将插补输出的位移或位置信息转换成机床的进给运动的任务。这意味着它需要根据数控系统输出的指令，精确地控制机床的运动轨迹和速度，以实现对工件的精密加工。伺服执行部分需要准确、快速地跟随插补输出信息执行机械运动。它必须能够在短时间内响应数控系统的指令，并根据指令调节机床的运动状态，以确保加工过程中的精度和稳定性。伺服执行部分应当是一个忠实的执行者，即能够可靠地执行数控系统的指令，不偏不倚地完成运动控制任务。只有这样，数控机床才能够加工出高精度的工件，满足工业生产对于精度和质量的要求。在数控机床的伺服执行部分中，常用的伺服驱动元件包括功率步进电动机、脉宽调速直流同步电动机和交流同步电动机等。这些驱动元件具有响应速度快、控制精度高、运行稳定等特点，适用于不同类型的数控机床和加工场景。伺服执行部分是数控机床实现加工任务的关键环节，它承担了将控制指令转化为机床运动的任务，对加工精度和效率起着至关重要的作用。通过选择合适的伺服驱动元件，并合理设计和调节伺服系统，可以实现数控机床的高精度加工和稳定运行。

（三）数控机床系统的分类

1. 按机床类型来划分

根据机床类型的不同，数控系统可以分为点位控制、直线控制和轮廓切削（连续轨迹）控制。点位控制是最基本的数控控制方式之一，适用于需要在工件上按照预先确定的点进行定位和加工的场景。在点位控制中，数控系统依次控制机床运动到每一个预设的加工点位置，停留一段时间进行加工，然后再移动到下一个点位进行加工。这种方式适用于对工件进行简单的定位、孔加工、螺纹攻丝等操作。直线控制是在点位控制的基础上进行改进，可以实现直线段之间的平滑连接，适用于需要在工件上进行直线运动的场景。在直线控制中，数控系统通过插补计算，将相邻的加工点之间的直线段连接起来，实现平滑的直线运动。这种方式适用于对工件进行线性切削、平面加工、孔加工等操作。轮廓切削控制是在直线控制的基础上进一步发展，可以实现复杂曲线轨迹的连续切削，适用于需要在工件上进行曲线和复杂形状加工的场景。在轮廓切削控制中，数控系统通过插补计算，将工件上的曲线轨迹分解为一系列线段或圆弧，然后控制机床按照这些线段或圆弧轨迹进行连续切削。这种方式适用于对工件进行曲线加工、复杂轮廓加工、雕刻等操作。点位控制、直线控制和轮廓切削控制是数控系统常用的三种控制方式，它们分别适用于不同类型和复杂程度的加工任务。通过灵活运用这些控制方式，数控机床可以实现对工件的高精度加工和复杂形状加工，满足不同行业和领域的加工需求。

图 12　数控机床伺服系统

2. 按控制器的结构来划分

按照控制器的结构，数控系统可以分为硬件数控和计算机数控，而计算机数控又可以进一步分为单微机系统和多微机系统。硬件数控是指使用专用的数控硬件设备来实现对机床运动轨迹和加工过程的控制。这种数控系统通常由数字控制器（NC）和各种传感器、执行元件等组成，具有独立的控制逻辑和运算单元。硬件数控系统可以直接控制机床的运动，适用于对精度和稳定性要求较高的加工任务，如金属加工、木工加工等。计算机数控是指使用计算机作为数控系统的核心控制器，通过软件程序实现对机床运动和加工过程的控制。计算机数控系统通常由计算机、数控软件、接口电路和执行元件等组成，具有灵活的控制逻辑和丰富的功能。计算机数控系统可以实现复杂的加工任务，如曲线切削、雕刻等，广泛应用于汽车制造、航空航天、模具制造等领域。单微机系统是指数控系统中只包含一个微处理器（微机）的系统。在单微机系统中，微机负责控制机床的运动和加工过程，通过相应的软件程序实现加工任务的执行和监控。单微机系统具有结构简单、成本低廉等特点，适用于对加工精度要求不高、生产规模较小的场景多微机系统是指数控系统中包含多个微处理器（微机）的系统。在多微机系统中，不同的微机负责不同的任务，如运动控制、插补计算、人机界面等，通过互联网络进行数据传输和协作。多微机系统具有分布式结构、性能可扩展等优点，适用于对加工精度要求高、生产规模较大的场景。硬件数控和计算机数控是数控系统的两种基本类型，而计算机数控又可以进一步细分为单微机系统和多微机系统。不同类型的数控系统具有各自的特点和适用范围，可以根据具体的加工需求和生产环境选择合适的数控系统。

3. 按伺服系统控制环路来划分

按照伺服系统控制环路的不同，可以将系统分为开环、闭环和半闭环系统。在开环系统中，控制器输出的控制信号不受反馈信号的影响，即控制器输出的指令直接作用于执行器，而不考虑执行器的实际运动状态或输出效果。开环系统缺乏对系统状态的实时监测和调节，因此容易受到外部干扰和内部误差的影响，使系统的稳定性和精度受到限制。开环系统适用于一些简单的控制任务，如定时开关控制、固定速度控制等。在闭环系统中，控制器输出的控制信号受到反馈信号的影响，即控制器会根据反馈信号对系统的实际运动状态进行实时监测和调节，以实现对系统的闭环控制。闭环系统具有良好的稳定性和精度，能够及时纠正系统运动过程中的误差和偏差，适用于对运动精度和稳定性要求较高的控制任务，如机器人控制、自动导航系统等。半闭环系统介于开环系统和闭环系统之间，部分控制信号受到反馈信号的影响，而另一部分控制信号则不受影响。这种系统通常在需要一定程度的实时监测和调节，但又不需要完全闭环控制的场景下使用。半闭环系统能够在一定程度上提高系统的稳定性和精度，同时降低系统的复杂度和成本，适用于一些中等复杂度的控制任务，如自动化生产线的控制、工业机械的运动控制等。根据伺服系统控制环路的不同，可以将系统分为开环、闭环和半闭环系统。开环系统适用于简单的控制任务，闭环系统适用于对精度和稳定性要求较高的控制任务，而半闭环系统则介于两者之间，适用于一些中等复杂度的控制任务。通过合理选择和设计控制系统的结构和参数，可以实现对不同类型的控制任务的有效控制和管理。

4. 按功能水平来划分

按照功能水平的不同，数控系统可以分为高、中、低（经济型）三类。高级数控系统通常具有功能强大、性能优越的特点，适用于对加工精度、速度和复杂性要求较高的应用场景。这种系统通常配备有先进的控制算法、高性能的控制器和执行器、丰富的加工功能和灵活的编程方式。高级数控系统可以实现复杂的加工任务，如曲线切削、多轴联动、自适应控制等，广泛应用于航空航天、汽车制造、模具制造等高端制造领域。中级数控系统介于高级和低级之间，具有一定的功能和性能，价格相对较为适中。这种系统通常具有较强的稳定性和精度，能够满足大部分工件的加工需求。中级数控系统通常配备有基本的控制功能、常见的加工功能和编程方式，适用于中小型制造企业和工作坊的加工生产，如零部件加工、模具制造、雕刻等。低级数控系统通常具有较为简单的功能和基本的控制能力，价格相对较低，适用于对加工精度和速度要求不高的应用场景。这种系统通常配备有基本的数控控制器、执行器和编程方式，功能相对较少，但能够满足一般的加工需求。低级数控系统主要用于个体工艺加工、教学实验、小批量生产等场景。根据功能水平的不同，数控系统可以分为高、中、低（经济型）三类。高级数控系统具有功能强大、性能优越的特点，适用于高端制造领域；中级数控系统介于高级和低级之间，适用于中小型制造企业和工作坊；低级数控系统功能简单，价格低廉，适用于个体工艺加工和教学实验等场景。通过合理选择和配置数控系统，可以满足不同应用场景的加工需求。

第四节　软件控制系统

一、软件控制系统概述

软件控制系统是一种利用计算机软件来实现对物理过程、设备或系统进行控制和管理的系统。它通过编程和算法设计，将控制策略和逻辑实现在计算机软件中，以替代传统的硬件控制器或电路。软件控制系统通常包括传感器、执行器、控制算法和用户界面等组成部分，通过计算机进行数据采集、处理和控制指令的执行，实现对系统的精确控制和监控。

软件控制系统具有灵活性和可扩展性。通过软件编程，可以轻松实现不同的控制策略和算法，满足不同应用场景下的需求。同时，软件控制系统可以随着需求的变化进行软件更新和升级，提升系统的性能和功能，具有较高的可扩展性。软件控制系统具有精确性和可调节性。通过软件算法的设计和优化，可以实现对系统的精确控制和调节。控制算法可以根据系统的实时状态和反馈信息进行调整和优化，使得系统具有较高的控制精度和稳定性。软件控制系统具有智能化和自适应性。借助于计算机的强大计算和处理能力，软件控制系统可以实现智能化的控制和决策，根据系统的实时状态和环境变化进行自适应调节，提高系统的适应性和鲁棒性。软件控制系统还具有便捷性和可视化特点。通过用户界面设计，用户可以直观地监控和操作系统，实现对系统的远程控制和管理。软件控制系统提供了丰富的数据显示和分析功能，帮助用户实时了解系统的运行状态和性能指标，提高了系统的操作便捷性和可视化程度。软件控制系统利用计算机软件实现对物理过程、设备或系统的控制和管理，具有灵活性、精确性、智能化、便捷性等特点，广泛应用于工业控制、自动化系统、智能家居等领域，是一种高效、可靠的控制系统形式。

二、软件控制系统的原理

软件控制系统的原理是基于计算机软件对系统的控制和管理。它包括传感器、执行器、控制算法和用户界面等组成部分，通过软件编程和算法设计，实现对物理过程、设备或系统的精确控制和监控。

软件控制系统通过传感器获取系统的输入信息。传感器可以检测和测量系统的各种参数和状态，如温度、压力、位置、速度等。传感器将这些信息转换成电信号或数字信号，传输给计算机软件进行处理。计算机软件根据传感器获取的输入信息进行数据处理和控制算法执行。控制算法是软件控制系统的核心，它根据系统的要求和控制目标，设计和实现不同的控制策略和算法。控制算法可以是 PID 控制、模糊控制、神经网络控制等，通过对输入信息进行处理和计算，产生相应的控制指令。计算机软件将控制指令发送给执行器，执行器根据指令对系统进行控制和调节。执行器可以是电机、阀门、泵等各种控制设备，通过执行器对系统的输出进行调节和控制，实现对系统的目标状态或运行参数的调节和维持。软件控制系统通过用户界面提供给用户操作和监控界面。用户可以通过界面对系统进行设定、调节和监控，实现对系统的远程控制和管理。用户界面通常包括实时数据显示、控制参数设置、报警信息提示等功能，帮助用户实时了解系统的运行状态和性能指标。软件控制系统通过不断地对传感器数据进行采集、处理和反馈控制指令，实现对系统的闭环控制。控制系统不断地监测系统的状态和反馈信息，根据实时状态进行调节和控制，使系统保持在期望的工作状态，实现对系统的稳定、精确控制。软件控制系统通过软件编程和算法设计，实现对系统的输入信息处理、控制算法执行、控制指令发送和执行器控制，最终实现对系统的精确控制和监控。它具有灵活性、精确性、智能化和便捷性等特点，广泛应用于工业控制、自动化系统、智能家居等领域。

三、软件控制系统的组成

软件控制系统的结构是由多个组成部分组成，它们相互配合，共同实现对物理过程或设备的控制和管理。软件控制系统的结构通常包括传感器、执行器、控制算法、用户界面和通信接口等组成部分。

传感器是软件控制系统的输入部分，用于获取系统的各种参数和状态信息。传感器可以是温度传感器、压力传感器、位置传感器、速度传感器等，它们将检测到的物理量转换成电信号或数字信号，传输给计算机软件进行处理。执行器是软件控制系统的输出部分，用于根据控制算法产生的控制指令对系统进行调节和控制。执行器可以是电机、阀门、泵、喷嘴等各种控制设备，通过执行器对系统的输出进行调节和控制，实现对系统的目标状态或运行参数的调节和维持。控制算法是软件控制系统的核心部分，它根据系统的要求和控制目标，设计和实现不同的控制策略和算法。控制算法可以是 PID 控制、模糊控制、神经网络控制等，通过对传感器数据的处理和计算，产生相应的控制指令，实现对系统的闭环控制。用户界面是软件控制系统提供给用户的操作和监控界面，用户可以通过界面对系统进行设定、调节和监控。用户界面通常包括实时数据显示、控制参数设置、报警信息提示等功能，帮助用户实时了解系统的运行状态和性能指标，实现对系统的远程控制和管理。通信接口是软件控制系统与外部设备或其他系统进行数据交换和通信的接口。通信接口可以是串口、以太网、无线通信等，用于实现软件控制系统与外部设备或其他系统的数据传输和通信，实现系统之间的信息交互和协同工作。软件控制系统的结构包括传感器、执行器、控制算法、用户界面和通信接口等多个组成部分，它们相互配合，共同实现对系统的精确控制和监控。这种结构具有灵活性、精确性、智能化和便捷性等特点，广泛应用于工业控制、自动化系统、智能家居等领域，成为现代控制系统的重要形式。

第四章　电气控制系统的设计与实施

第一节　系统设计流程

电气控制系统的系统设计流程是确保系统能够满足用户需求、具有高质量和可靠性的关键步骤。该流程一般包括需求分析、概要设计、详细设计、实施和测试等阶段。

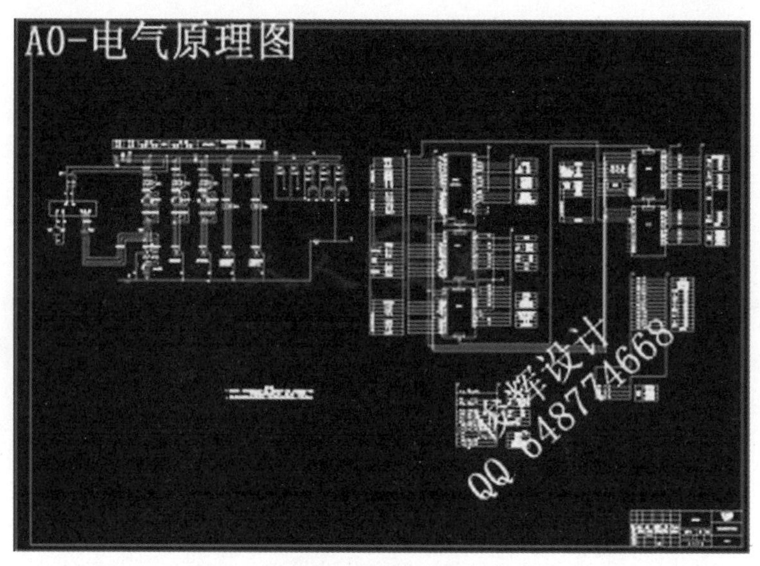

图 13　电气控制系统

需求分析阶段是系统设计流程的起点。在这一阶段，工程师需要与客户沟通，收集和分析客户对电气控制系统的需求和期望。这包括了解系统的功能要求、性能指标、安全标准、法规要求等。通过需求分析，工程师能够明确系统的基本功能和特性，为后续设计提供基础。接下来是概要设计阶段，工程师根据需求分析的结果，进行初步的系统设计。在这个阶段，主要是确定系统的整体架构和组成部分，选择合适的硬件和软件平台，并确定系统的主要功能模块和接口。概要设计阶段的关键目标是确立系统的总体设计方案，为详细设计提供基础。然后是详细设计阶段，工程师在概要设计的基础上进行详细的设计工作。这包括确定系统的各个功能模块的具体实现方式、设计电路图、编写程序代码、选择元器件等。在详细设计阶段，工程师需要考虑系统的稳定性、可靠性、安全性和可维护性等方面，确保设计方案符合技术要求和标准。接着是实施阶段，工程师开始根据详细设计方案，进行系统的实施和构建。这包括硬件的安装和接线、软件的编程和调试、设备的调试和联调等工作。在实施阶段，工程师需要确保系统的各个部分能够正确地组装和运行，保证系统的功能和性能达到设计要求。最后是测试阶段，工程师对已实施的系统进行全面测试和验证。这包括功能测试、性能测试、安全测试、可靠性测试等。通过测试，工程师能够发现并解决系统中存在的问题和缺陷，确保系统能够稳定运行，并满足用户的需求和期望。电气控制系统的系统设计流程是一个系统化和迭代的过程，需要工程师在各个阶段认真分析和设计，确保系统能够按时、按质、按量地完成，为用户提供满意的电气控制解决方案。

第二节 硬件选型与布局

一、硬件选型

电气控制系统的硬件选型是确保系统性能、稳定性和可靠性的关键步骤。在进行硬件选型时，工程师需要综合考虑系统的功能需求、性能指标、环境条件、成本预算等因素，以选择合适的硬件设备和元件。

工程师需要根据系统的功能需求和性能指标，确定所需的硬件设备类型和规格。例如，根据系统的控制对象和控制要求，确定所需的控制器类型（如 PLC、DCS 等）、输入/输出模块、传感器、执行器等。对于不同的控制对象和控制要求，可能需要选择不同类型和规格的硬件设备，以满足系统的特定需求。工程师需要考虑系统的环境条件和工作环境，选择适合的硬件设备。例如，如果系统将在恶劣的工作环境中运行（如高温、高湿、腐蚀性环境等），则需要选择具有耐高温、耐腐蚀等特性的硬件设备，以确保系统能够稳定运行并具有较长的使用寿命。工程师还需要考虑硬件设备的可靠性和品质。选择具有良好品质和可靠性的硬件设备，可以降低系统的故障率和维护成本，提高系统的稳定性和可靠性。因此，在进行硬件选型时，工程师需要参考厂家的产品质量和信誉，选择具有良好口碑和经验的厂家提供的产品。成本预算也是硬件选型的重要考虑因素之一。工程师需要根据项目的预算限制，选择性价比较高的硬件设备，确保系统能够在有限的预算内完成，并在性能和成本之间取得平衡。电气控制系统的硬件选型是一个综合考虑多个因素的过程，需要工程师在需求分析的基础上，结合环境条件、品质要求和成本预算等因素，选择合适的硬件设备和元件，以确保系统能够满足设计要求，并具有良好的性能、稳定性和可靠性。

二、硬件布局

电气控制系统的硬件布局是确保系统运行稳定、可靠，并且易于维护的重要环节。在进行硬件布局时，工程师需要考虑到系统的功能需求、安全要求、维护便捷性等因素，并合理规划硬件设备的摆放位置和连接方式。

工程师需要根据系统的功能需求和控制对象的分布情况，确定硬件设备的布局方案。通常情况下，硬件设备可以分为控制器、输入/输出模块、传感器和执行器等几个主要部分。根据这些硬件设备的功能和联系，工程师可以设计出合理的布局方案，以便于控制器与输入/输出模块的连接、传感器与执行器的布置等。工程师需要考虑系统的安全要求和环境条件，选择合适的布局位置。例如，需要避免将电气控制设备布置在潮湿、易燃、易爆的环境中，以免影响系统的稳定性和安全性。另外，应尽量将设备布置在通风良好、温度适宜的环境中，以确保设备的散热和稳定运行。为了方便维护和管理，工程师还应考虑硬件设备的布局是否便于接线和维修。合理的布局可以使得设备之间的连接线路简洁明了，便于排查故障和维护设备。此外，为了方便日常维护和操作，工程师还可以在硬件设备周围设置一定的操作空间和维护通道，确保工作人员能够方便地进行操作和维护。工程师还应考虑硬件布局是否符合工程美学和规范要求。合理的硬件布局不仅能够提高系统的可靠性和维护性，还能够美化工作场所，提高工作环境的舒适度和工作效率。电气控制系统的硬件布局是一个综合考虑功能需求、安全要求、维护便捷性和美学要求的过程。通过合理的布局设计，可以确保系统设备能够稳定运行、易于维护，并且符合美学和规范要求，为工程项目的顺利进行提供了重要保障。

第三节　软件编程与调试

一、软件编程

电气控制系统的软件编程是确保系统能够实现预期功能、稳定运行和易于维护的重要环节。在进行软件编程时，工程师需要遵循一定的设计原则和流程，确保编写出高质量、可靠性强的控制程序。

工程师需要进行软件设计，明确系统的功能需求和实现方式。在这一阶段，工程师需要与客户充分沟通，了解用户需求，确定系统的功能模块和控制逻辑。然后，根据需求分析的结果，设计出合理的软件结构和程序框架，明确各个功能模块之间的关系和调用方式。工程师进行软件编码，根据设计方案，编写程序代码实现系统的各项功能。在编码过程中，工程师需要遵循一定的编程规范和标准，编写清晰、简洁、可读性强的代码，以便于后续的维护和调试。同时，工程师需要考虑代码的性能和效率，尽量优化程序结构和算法，提高系统的运行速度和响应能力。工程师进行软件测试，验证程序代码的正确性和稳定性。在测试阶段，工程师可以采用单元测试、集成测试、系统测试等方法，逐步验证程序代码的各个功能模块是否符合设计要求，确保系统能够正常运行并满足用户需求。同时，工程师还需要进行异常处理和错误调试，及时发现和修复程序中存在的问题和缺陷。工程师进行软件部署和维护，将编写好的程序代码部署到目标系统中，并进行现场测试和调试，确保系统能够稳定运行。同时，工程师需要定期对系统进行维护和更新，及时修复软件中存在的漏洞和 bug，保证系统的稳定性和安全性。电气控制系统的软件编程是一个系统化和迭代的过程，需要工程师在需求分析、设计、编码、测试、部署和维护等多个阶段进行全面考虑和操作，以确保系统能够实现预期功能、稳定运行，并且易于维护和更新。通过合理的软件编程，可以为电气控制系统的设计和实现提供强有力的技术支持和保障。

二、软件调试

电气控制系统的软件调试是确保系统能够正常运行、稳定性强和性能优良的关键环节。在软件调试阶段，工程师需要进行系统性的测试、诊断和优化，以发现和解决软件中存在的问题和缺陷，确保系统能够满足设计要求和用户需求。

软件调试的第一步是功能测试，工程师需要验证系统的各项功能是否按照设计要求正常工作。通过模拟实际操作场景，测试系统的各个功能模块的功能是否符合预期，并发现可能存在的功能缺陷和逻辑错误。例如，测试输入输出功能、控制逻辑、报警功能等，以确保系统能够按照预期进行控制和反馈。工程师进行性能测试，评估系统的运行性能和响应速度。通过对系统进行负载测试、响应时间测试等，评估系统在不同工作负载下的性能表现，并发现可能存在的性能瓶颈和优化空间。例如，测试系统的响应速度、处理能力、稳定性等指标，以确保系统能够满足实际应用场景的性能需求。工程师进行兼容性测试，验证系统在不同环境和条件下的兼容性和稳定性。通过模拟不同硬件设备、操作系统、网络环境等，测试系统的兼容性和稳定性，并发现可能存在的兼容性问题和异常情况。例如，测试系统在不同操作系统下的运行情况、不同网络环境下的通信稳定性等，以确保系统能够在各种环境下稳定运行。工程师进行安全测试，评估系统的安全性和可靠性。通过模拟安全攻击、数据泄露等场景，测试系统的安全性和防护能力，并发现可能存在的安全漏洞和风险。例如，测试系统的权限管理、数据加密、漏洞修复等功能，以确保系统能够防范各种安全威胁和攻击。工程师进行实际应用场景测试，验证系统在实际应用场景下的稳定性和可靠性。通过在真实工作环境中进行测试和验证，评估系统的实际运行效果，并发现可能存在的问题和改进空间。例如，测试系统在不同工作条件下的运行情况、长时间运行的稳定性等，以确保系统能够在实际应用中稳定运行。电气控制系统的软件调试是一个系统性、全面性和迭代性的过程，需要工程师在不同层面和环节进行全面测试和诊断，以确保系统能够满足设计要求和用户需求，并具有优良的性能、稳定性和可靠性。通过合理的软件调试，可以为电气控制系统的设计和实现提供强有力的技术支持和保障。

第四节　系统运行与维护

一、系统运行

（一）系统运行环境分析

在控制系统功能配置中，首要任务是确保生产过程能够正常稳定地运行。这意味着控制系统的设计和配置必须具备足够的稳定性、可靠性和实用性，以保障生产过程的连续性和效率。其次，控制系统应该能够更好地发挥其作用，包括提高生产效率、优化资源利用、减少能源消耗、提升产品质量等方面。在选择 DCS（分布式控制系统）控制系统设备时，需要综合考虑技术性能和经济性两个方面的指标。技术性能方面包括系统的响应速度、控制精度、稳定性、可扩展性等，这些指标直接影响着控制系统的功能和效能。而经济性方面则包括投资成本、运行成本、维护成本等，需要根据企业的实际情况和预算限制来进行评估。控制系统设备选型还需结合现场具体环境来选择合适的控制方案。不同的生产环境和工艺过程可能对控制系统有不同的要求，例如有些场景可能需要耐高温、耐腐蚀的设备，有些场景可能需要防爆、防尘的设备。因此，在选择控制系统设备时，需要充分考虑现场的环境条件和工艺特点，以确保所选设备能够适应现场的要求并具备良好的适应性和稳定性。控制系统功能配置的核心是保障生产过程的稳定运行，其次是更好地发挥其作用。在设备选型方面，需要综合考虑技术性能和经济性指标，并结合现场具体环境来选择合适的控制方案。这样才能确保控制系统能够在生产过程中发挥出最大的效益和价值，为企业的发展提供有力的支持。

（二）控制系统故障诊断技术

在实际应用过程中，DCS（分布式控制系统）控制系统经常会因为系统配置错误而导致控制系统不正常工作或无法正常工作的现象。这种情况对整个生产装置的稳定运行有严重的影响，特别是在化工领域，由于其易燃易爆及有毒有害等危险特性，控制系统的意外故障可能会给企业带来巨大的经济损失甚至安全事故。

系统配置错误可能会导致控制系统无法正确地响应生产过程中的变化，影响生产设备的稳定性和运行效率。例如，配置错误可能导致控制系统误判生产过程中的状态，无法及时采取正确的控制措施，从而导致设备运行异常或停机，影响生产计划的执行。系统配置错误可能会使控制系统产生不稳定的控制行为，导致设备的振荡、过热或超载等问题。例如，配置错误可能导致控制系统的闭环反馈环节参数设置不当，造成系统的过度调节或不足调节，使得系统无法达到期望的控制效果，甚至引发设备的运行异常或故障。系统配置错误还可能导致控制系统与外部设备或其他系统的通信故障，进而影响整个生产过程的联动控制和协调运行。例如，配置错误可能导致通信接口设置不正确，造成控制系统无法与其他设备或系统进行正常的数据交换和通信，从而影响生产过程的协调和配合。对于化工企业来说，一旦控制系统出现意外故障，可能会造成严重的经济损失甚至人员伤亡。因此，必须采取积极的措施来避免系统配置错误引起的故障。这包括加强对控制系统的设计和配置过程的管理和监控，确保系统的配置符合工艺要求和安全标准；加强对控制系统的测试和调试，及时发现和纠正配置错误；加强对控制系统运行状态的监测和评估，及时发现和处理异常情况，确保生产过程的安全稳定运行。通过这些措施，可以有效地降低系统配置错误引起的故障风险，保障化工企业的安全生产和健康发展。

二、系统维护

（一）控制系统日常维护

系统设计不合理可能会导致 DCS（分布式控制系统）控制系统出现故障。DCS 控制系统的基本构成包括硬件和软件两大部分。硬件部分包括 PLC（可编程逻辑控制器）、I/O（输入/输出）模块、输入输出保护单元以及显示驱动装置等。PLC 控制器作为系统的核心控制部件，负责处理和传输各种信号，对整个系统的运行起着重要作用。I/O 模块用于连接传感器和执行器，实现对生产过程的数据采集和控制。输入输出保护单元用于保护系统的输入输出设备免受外部干扰和损坏。显示驱动装置用于显示系统的运行状态和参数信息。软件部分通过通信协议实现与上位机之间进行信息交互并完成相应任务。DCS 控制系统的软件部分包括控制程序、监控界面、通信协议等，它们协同工作，实现对生产过程的监控和控制。控制程序负责执行各种控制算法和逻辑，实现对生产过程的精确控制。监控界面提供给用户操作和监控系统的界面，通过显示设备显示系统的运行状态和参数信息。通信协议用于实现不同设备之间的数据交换和通信。如果系统设计不合理，可能会导致硬件和软件部分之间的匹配问题，影响系统的正常运行。例如，硬件部分的选型和配置不合理可能导致系统性能不足或不稳定，无法满足生产过程的要求。软件部分的设计不合理可能导致控制算法不准确或执行效率低下，影响系统的响应速度和控制精度。系统设计不合理还可能导致系统的可靠性和稳定性下降，增加系统的故障率和维护成本。例如，软件部分的设计不合理可能导致系统容易受到病毒攻击或数据泄露，造成系统的安全风险和隐患。为了确保 DCS 控制系统的稳定运行和可靠性，必须在系统设计阶段充分考虑硬件和软件部分之间的匹配问题，合理选型和配置硬件设备，设计和优化控制算法和软件程序，确保系统能够满足生产过程的要求，并且具有较高的可靠性和安全性。只有这样，才能确保 DCS 控制系统具有较高的运行稳定性和可靠性，为生产过程提供可靠的控制支持。

（二）控制系统的维护研究与实现

1. 完善管理制度，增强安全意识

完善控制系统的规章制度是确保其安全性的重要举措之一。这需要从组织机构上保证系统具有较高的安全可靠性。建立健全的组织架构和管理体系是至关重要的。这包括明确各部门的职责和权限，建立有效的沟通机制和决策流程，确保各部门之间的协调配合，形成一个有机整体。强化培训是提高工作人员专业素质的重要手段。对于 DCS 控制系统的操作人员和维护人员，应该进行系统的培训和考核，确保其具备必要的技术和操作能力。培训内容应包括系统的基本原理和结构、操作流程和应急处理等方面，以提高工作人员应对突发情况的能力和应变能力。制定严格有效的考核机制和奖惩制度也是确保系统安全的重要手段。通过对工作人员的绩效进行考核，及时发现和纠正工作中的不足和问题，同时给予表现突出的人员适当的奖励和激励，以激发员工的工作积极性和责任心，提高系统运行的效率和稳定性。加强安全意识教育和宣传是确保 DCS 控制系统安全的重要环节。通过定期举办安全知识培训和安全演练活动，提高员工对安全工作的重视程度，增强他们的安全意识和防范意识。同时，通过宣传安全事故的案例和经验教训，引导员工树立正确的安全观念，提高他们的安全素养和

自我保护能力。完善控制系统的规章制度需要从组织机构、培训、考核和安全意识教育等方面入手，确保系统具有较高的安全可靠性。只有通过各项举措的有机结合和协同配合，才能更好地发挥 DCS 控制系统的作用，确保生产过程的安全稳定运行。

2. 加强人员培训，提高技术能力

控制系统技术人员的技术水平直接关系到系统能否正常工作和安全生产，因此加强人员培训，提高技术能力至关重要。通过对员工进行必要的技术培训，可以帮助他们掌握正确使用 DCS 控制系统的知识，为实现稳定运行奠定基础。

技术培训可以帮助技术人员深入了解 DCS 控制系统的原理和结构。掌握 DCS 控制系统的基本原理和结构是技术人员正确使用系统的前提，只有理解系统的工作原理和各个组成部分的功能，才能准确识别问题和解决故障。技术培训可以帮助技术人员掌握 DCS 控制系统的操作和维护技能。技术人员需要了解系统的操作流程和常用功能，掌握系统的操作方法和操作技巧，以确保系统的正常运行和高效运转。同时，技术人员还需要学习系统的维护方法和维修技术，及时发现和排除故障，确保系统的稳定性和可靠性。技术培训还可以帮助技术人员了解 DCS 控制系统的应用场景和实际工程案例。通过学习和分享实际工程经验，技术人员可以积累更多的应用知识和技术技能，提高解决实际问题的能力和水平。技术培训还可以帮助技术人员了解 DCS 控制系统的最新发展和技术趋势。随着科技的不断进步和应用需求的不断变化，DCS 控制系统的技术也在不断更新和升级。技术人员需要及时了解最新的技术动态和发展趋势，不断提高自己的技术水平和应用能力，以适应市场的变化和需求的变化。加强 DCS 控制系统技术人员的技术培训是确保系统正常工作和安全生产的重要举措。通过系统的技术培训，可以帮助技术人员全面提升技术水平，提高系统的稳定性和可靠性，为企业的发展和生产经营提供强有力的技术支持。

第五章　电气控制系统的优化与改进

第一节　系统性能优化

电气控制系统的系统性能优化是为了提高系统的响应速度、效率和稳定性，以满足用户需求和提升系统整体性能的重要环节。系统性能优化涉及到多个方面，包括硬件设计、软件编程、系统配置、数据处理等，需要综合考虑各个因素，以达到最佳的性能效果。对于硬件设计来说，工程师可以采取一系列措施来优化系统性能。例如，选择性能更高、稳定性更好的硬件设备和元件，优化硬件布局和连接方式，提高系统的运行速度和响应能力。此外，优化供电系统、冷却系统等，确保硬件设备能够在最佳状态下运行，提高系统的稳定性和可靠性。软件编程是系统性能优化的重要手段之一。工程师可以优化程序代码的结构和算法，提高程序的运行效率和响应速度。例如，通过优化控制逻辑、减少冗余代码、合理利用系统资源等，降低程序的运行时间和内存占用，提高系统的性能和响应速度。同时，采用多线程编程、异步编程等技术，提高系统的并发性和吞吐量，进一步优化系统性能。系统配置也是系统性能优化的重要环节。工程师可以对系统的参数设置、调优和优化，以提高系统的运行效率和资源利用率。例如，调整系统的缓冲区大小、调整任务调度策略、优化网络通信协议等，以提高系统的性能和稳定性。同时，对系统进行合理的负载均衡和资源管理，确保系统能够充分利用资源，提高系统的整体性能。工程师还可以对系统的数据处理进行优化，以提高系统的数据处理速度和效率。例如，优化数据库设计、采用高效的数据结构和算法、使用缓存技术等，提高数据的读写速度和访问效率，加快系统的数据处理和响应速度。同时，对数据进行压缩、归档和清理等操作，减少系统的数据负载，提高系统的运行效率。电气控制系统的系统性能优化涉及到多个方面，需要工程师综合考虑硬件设计、软件编程、系统配置和数据处理等因素，采取一系列措施来提高系统的响应速度、效率和稳定性。通过系统性能优化，可以为电气控制系统的设计和实现提供强有力的技术支持和保障，满足用户需求并提升系统整体性能。

第二节　工艺流程改进

电气控制系统的工艺流程改进是为了提高生产效率、降低成本、优化资源利用，以及增强系统的灵活性和可控性的重要环节。工艺流程改进需要综合考虑生产过程中的各个环节，包括原材料采购、生产加工、产品组装、质量检验等，以寻求更加高效和优化的生产方式。工程师可以对工艺流程进行全面分析，识别出存在的瓶颈和问题所在。通过对生产过程的各个环节进行调查和评估，找出造成生产效率低下、资源浪费、成本增加等问题的原因，为后续改进工作提供依据。工程师可以通过优化工艺流程，简化生产操作，提高生产效率。例如，采用新的生产工艺和技术，引入自动化设备和智能控制系统，减少人工干预，提高生产效率和产品质量。同时，优化生产流程，优化作业顺序、调整生产线布局，减少生产过程中的等待和浪费，提高生产效率和资源利用率。工程师可以通过改进工艺流程，降低生产成本，提高企业竞争力。例如，优化原材料采购流程，选择性价比更高的原材料供应商，降低原材料采购成本；优化生产加工工艺，提高生产效率，降低生产成本；优化产品组装流程，减少人工成本和时间成本，提高产品组装速度和质量。工程师还可以通过改进工艺流程，提高生产过程的灵活性和可控性。例如，采用柔性制造技术，实现生产线的快速切换和调整，适应不同产品的生产需求；引入先进的智能控制系统，实现生产过程的实时监控和调节，提高生产过程的稳定性和可控性。工程师需要持续关注工艺流程改进的效果，及时调整和优化改进方案。通过对改进效果进行监测和评估，发现并解决可能存在的问题和缺陷，不断优化工艺流程，提高生产效率和产品质量，增强企业的竞争力和持续发展能力。电气控制系统的工艺流程改进是一个持续优化和改进的过程，需要工程师综合考虑生产过程中的各个环节，采取一系列措施来提高生产效率、降低成本、优化资源利用，以及增强系统的灵活性和可控性，从而实现企业的可持续发展和竞争优势。

第三节　节能减排措施

电气控制系统的节能减排措施是为了降低能源消耗、减少环境污染，促进可持续发展的重要举措。在设计和运行电气控制系统时，工程师可以采取一系列措施来实现节能减排，包括优化设备设计、改进工艺流程、提高能源利用效率等方面。工程师可以通过优化设备设计，减少能源消耗。例如，选择能耗更低、效率更高的电气设备和元件，替换老化设备，提升设备的能效比。此外，采用节能型传动装置、节能型照明设备等，减少能源浪费，提高系统的能源利用效率。工程师可以通过改进工艺流程，降低能源消耗。例如，优化生产流程，减少不必要的能源消耗，提高生产过程的能源利用效率。同时，采用先进的生产工艺和技术，减少生产过程中的能源损耗，降低生产成本。工程师还可以通过提高能源利用效率，减少能源消耗。例如，优化系统的运行参数和控制策略，调整设备的运行模式，提高设备的能效比。同时，采用能源回收技术，将生产过程中产生的废热、废气等能源进行回收利用，减少能源浪费，提高能源利用效率。工程师还可以通过引入可再生能源和清洁能源，减少碳排放和环境污染。例如，采用太阳能发电、风能发电等可再生能源替代传统的化石能源，减少对环境的影响，降低碳排放。同时，采用清洁燃料替代高污染燃料，减少燃烧产生的污染物排放，改善环境质量。工程师还可以通过实施能源管理措施，提高能源使用效率，促进节能减排。例如，建立能源消耗监测系统，定期监测和分析能源消耗情况，发现并解决能源浪费问题。同时，制定能源管理制度和节能减排目标，推动全员参与，形成良好的节能减排氛围，促进企业可持续发展。电气控制系统的节能减排措施是一个综合考虑设备设计、工艺流程、能源利用效率等方面的过程，需要工程师在设计和运行电气控制系统时，采取一系列措施来降低能源消耗、减少环境污染，促进可持续发展。通过节能减排，可以实现资源的有效利用，降低生产成本，提高企业竞争力，同时也能够保护环境，减少对地球的不良影响。

第四节　安全生产措施

电气控制系统的安全生产措施是确保生产过程安全稳定、预防事故发生以及保护员工和设备安全的重要举措。在设计、建设和运行电气控制系统时，需要采取一系列措施来保障生产安全，包括设备安全、人员安全、应急预案等方面。对于设备安全方面，工程师可以采取多种措施来保障设备的安全运行。例如，选择符合安全标准和规范的电气设备和元件，确保设备的质量和可靠性。同时，定期对设备进行检查和维护，及时发现并修复潜在故障和隐患，确保设备的安全运行。此外，设置设备保护装置和安全防护设施，减少事故发生的可能性，保护设备和人员的安全。对于人员安全方面，工程师可以采取一系列措施来保障员工的安全。例如，开展安全培训和教育，提高员工的安全意识和技能，使他们能够正确使用设备、操作工艺，并有效应对突发情况。同时，建立健全的安全管理制度和操作规程，规范员工的工作行为，强化安全管理，减少事故发生的风险。另外，配备必要的个人防护装备，保障员工的人身安全。应急预案是保障安全生产的重要措施之一。工程师可以制定和实施应急预案，明确各种突发情况下的处置措施和责任分工，提前做好应急准备工作，有效应对事故发生，最大限度地减少事故损失。同时，定期组织演练和应急演练，检验应急预案的可行性和有效性，提高应对突发事件的能力和水平。还可以采用技术手段来提高安全生产水平。例如，引入先进的监控和诊断技术，实时监测设备运行状态，及时发现并解决设备故障和隐患；采用智能控制系统，实现设备的自动化监控和控制，减少人为因素对安全的影响。电气控制系统的安全生产措施涉及设备安全、人员安全、应急预案等多个方面，需要综合考虑设备设计、工艺流程、人员管理等各个环节，采取一系列措施来确保生产过程安全稳定、预防事故发生，保护员工和设备的安全。通过有效的安全生产措施，可以保障生产安全，降低事故风险，保护员工和企业的利益，促进企业的可持续发展。

第六章　电气控制系统的应急与故障处理

第一节　应急响应与控制策略

一、电气控制系统故障分析

（一）过负载

电气控制系统中的过负载故障是一种常见但危害严重的问题。它指的是电机在运行时，其电流超出了系统及其电力设备的额定电流，导致电机因超负荷运行而受损或损坏。根据超标电流的大小和持续时间，可以将过负载故障的破坏性分为不同等级。轻微的过负载故障会影响电力生产系统的工作安全性和效率，而严重的过负载则可能导致设备烧毁、报废甚至整个系统瘫痪。过负载故障的危害不容忽视。首先，轻微的过负载会导致电力生产系统的工作效率下降。电机超负荷运行会增加系统的能耗，降低电机的运行效率，导致能源浪费。其次，过负载可能损坏电机本身。当电流超过额定值时，电机内部的线圈和绕组可能受到过热和电压应力的影响，导致绝缘损坏、线圈烧毁等，进而使电机无法正常工作，甚至造成设备永久性损坏，需要更换或修复。最严重的情况是，过负载可能导致整个电力生产系统的瘫痪。如果关键电机或设备因过负载而损坏，可能会导致系统无法正常运行，影响到整个生产过程，造成生产停滞和经济损失。导致电机过负载的原因多种多样。其中之一是电机缺相运行。当电机中的一个或多个相位失去电源供应时，其他相位可能承担过多负荷，导致电机过负载。此外，负载大幅度增加也是导致过负载的常见原因。如果负载突然增加，例如在启动大型设备或机器时，电机可能无法应对突然增加的负载，导致过负载。另外，电压大幅度降低也可能导致电机过负载。当电压下降时，电机可能需要吸取更多电流来维持相同的功率输出，这会导致过负载。电气控制系统中的过负载故障对系统的安全性和运行效率构成严重威胁。为了防止过负载故障的发生，需要定期检查和维护电气设备，确保其正常运行。此外，还需要采取措施来监测负载变化和电压波动，以及及时调整系统的运行参数，以防止过负载发生。只有这样，才能保证电力生产系统的安全稳定运行。

（二）电源缺相

电源缺相故障虽然在电力系统中并不常见，但一旦发生，却可能对整个电力生产系统带来严重的安全隐患。该故障指的是在电气控制系统运行过程中，交流异步电动机的三相电源中任意一项的熔断器出现熔断情况，导致三相电源无法完全接通，从而引发电源缺相故障。

电源缺相故障可能会对电力系统的稳定性和可靠性造成严重威胁。在异步电动机运行过程中，若出现电源缺相，将导致电动机无法获得正常的三相电源供应，使得电动机运行不平衡，甚至无法启动。这不仅会导致设备停止工作，还可能造成设备损坏，影响到生产正常运行。特别是在一些关键领域，如工业生产和电力供应领域，电源缺相故障的发生可能会导致生产中断和经济损失。电源缺相故障可能引发电动机运行异常，甚至造成设备损坏。异步电动机在正常运行时需要三相电源进行平衡运行，一旦出现电源缺相，将导致电机运行不平衡，引发电机振动、噪音增加等问题，严重时甚至可能导致电机过载、过热，进而损坏电机绕组和绝缘系统，导致设备损坏或烧毁。电源缺相故障还可能导致电力系统其他设备和元件的受损。在电源缺相的情况下，电力系统中的其他设备可能受到电压不稳定、电流波动等影响，从而增加设备的运行压力，加速设备的老化和损坏，进一步加剧故障的严重程度。电源缺相故障虽然不常见，但其一旦发生可能对整个电力生产系统带来严重的安全隐患。为了防止电源缺相故障的发生，需要加强对电力系统的监测和维护，定期检查电气设备的运行状态，及时发现和排除潜在故障隐患，确保电力系统的稳定运行。

（三）短路

短路是电力系统中最常见的故障类型，也是电气设备控制系统中经常遇到的问题之一。短路故障的出现通常与线路或设备的绝缘性退化、导电性物质的搭接干扰等因素密切相关。其对整个电力系统的正常运行会产生致命影响。短路故障可能会导致电力系统的安全性受到威胁。短路故障会导致电流异常增大，可能引发电路中的过载、过热甚至电火灾等安全问题。特别是在高压电力系统中，短路故障可能造成严重的火灾和人员伤亡，对人身安全构成威胁。短路故障还会对电力系统的稳定性和可靠性造成严重影响。短路故障可能导致电力系统中的电压和频率波动，影响到系统的正常运行。特别是在电力负荷较大的情况下，短路故障可能引发系统的不稳定运行，导致设备损坏或系统崩溃，影响到电力供应的可靠性。短路故障的表现形式多种多样，包括两相短路、三相短路、接地短路以及变压器绕组匝间短路等。两相短路指的是电路中两相之间发生短路，导致电流异常增大；三相短路则是三相之间同时发生短路，是短路故障中较为严重的一种形式；接地短路是指电路中的一相或多相与地之间发生短路，可能导致接地电流异常增大，引发接地电压升高和设备损坏；而变压器绕组匝间短路则是变压器绕组内部发生短路，可能导致变压器损坏和局部火灾等问题。

为了防止短路故障的发生，需要加强对电力系统的监测和维护，定期检查电力设备的绝缘性和导电性，及时发现和排除潜在的故障隐患；此外，还需要采取有效的保护措施，如安装熔断器、断路器、接地保护装置等，提高电力系统的安全性和可靠性，确保电力系统的稳定运行。短路故障的预防也需要重视培训和意识提升。运营和维护人员需要接受专业的培训，了解短路故障的成因、预防方法以及处理应对措施。他们需要具备快速判断和处理短路故障的能力，以最小化故障对系统造成的影响。在电力系统设计阶段，应该考虑采用可靠的保护装置和自动断电装置来及时检测和隔离短路故障，以减少故障的扩散和影响范围。同时，应合理规划电力系统的布局和接线方式，减少短路故障的发生概率，提高系统的可靠性。定期进行电力设备的检查和维护也是预防短路故障的有效措施。检查电气设备的绝缘状态、接线连接、设备运行状态等，及时发现并排除潜在的故障隐患，可以有效降低短路故障的发生概率。短路故障是电力系统中最常见的故障类型之一，其出现可能对整个电力系统的正常运行和安全性造成严重影响。因此，预防短路故障的发生至关重要，需要从加强培训意识、优化设计布局、使用可靠的保护装置和定期检查维护等多个方面着手，确保电力系统的安全稳定运行。

（四）过电流

过电流故障在电气设备故障中是一种常见的表现形式。这种故障通常是由于电气元件或电动机的运行电流超过其额定电流而引起的。过电流故障大多数情况下是由于负载转矩过大或者启动方式错误所导致的，其对电力生产系统工作安全性的影响是十分致命的。

过电流故障可能导致电气设备的损坏甚至烧毁。当电气设备的运行电流超过其额定电流时，设备内部的绕组、线圈等部件可能会受到过热和电压应力的影响，从而造成设备的损坏甚至烧毁。这不仅会导致设备的停工和维修，还可能带来巨大的经济损失。过电流故障可能导致电力系统的工作不稳定甚至停止运行。在电力系统中，过电流可能导致设备过载，电压波动，电网频率变化等问题，进而影响到整个电力系统的正常运行。特别是在关键设备或关键环节出现过电流故障时，可能会导致电力系统的停机和生产中断，对生产和运营造成严重影响。过电流故障还可能引发其他安全隐患，如电路或设备的火灾风险。当电流超过设备的额定值时，电路中可能会出现局部过热，从而引发火灾的风险。特别是在一些易燃易爆的环境中，过电流故障可能会导致火灾的发生，对人员和财产安全构成严重威胁。为了防止过电流故障的发生，需要加强对电气设备的监测和维护，定期检查设备的运行状态和电流参数，及时发现并排除潜在的故障隐患；此外，还需要加强对设备操作和使用的培训，提高运维人员的专业技能和应对能力，减少人为因素导致的过电流故障发生。只有这样，才能确保电力生产系统的安全稳定运行。

过电流故障的预防也需要综合考虑设备的选型和负载管理。在设计和选型阶段，应根据实际负载情况选择适当的电气设备，确保其额定电流能够满足负载需求，并留有一定的安全余量。同时，应合理规划电气系统的布局和接线方式，避免电气设备之间的过载现象。负载管理也是预防过电流故障的关键。在实际运行过程中，需要合理安排负载，避免出现负载转矩过大或启动方式错误等情况。对于需要频繁启动和停止的设备，应采取合适的启动控制策略，如软启动器或变频调速器，以减少启动时的电流冲击，降低过电流故障的发生概率。定期进行设备的检查和维护也是预防过电流故障的重要措施。定期检查设备的运行状态、接线连接、散热情况等，及时发现并排除设备运行异常的问题，可以有效预防过电流故障的发生。过电流故障虽然是电气设备故障中常见的一种表现形式，但通过综合采取合适的预防措施，可以有效减少其发生的概率，保障电力生产系统的安全稳定运行。这包括加强设备监测和维护、合理负载管理、选择适当的设备和启动控制策略等方面的工作。只有全面考虑，才能有效预防过电流故障的发生，确保电力系统的安全运行。

二、电气控制系统故障危害

（一）负载短路

电气系统的负载短路等故障是一种严重的安全隐患，可能导致严重的后果。当电气系统遭遇负载短路等故障时，故障电流往往会迅速增加，达到甚至超过额定电流的几十倍以上。这种巨大的电流将会产生强大的电动力，给整个配电线路和电气设备带来极大的危害。

故障电流的大幅增加会导致电线、开关、断路器等设备的过载，超出它们设计的承载能力，可能引发它们的烧坏甚至爆炸。这不仅会导致电气设备的损坏，还会造成线路短路，进一步加剧事故的严重程度。大电流通常会产生大量的热量。当短路故障发生时，高温可能会引发线路或设备的燃烧，甚至引发火灾。电气设备的燃烧不仅会造成直接的财产损失，还可能危及人员的生命安全。火灾的蔓延速度极快，很可能在短时间内造成严重的伤亡和财产损失。短路故障还会导致电气系统的停电，影响正常的生产和生活。停电可能会给工厂、企业带来生产线停滞、订单延误等问题，给社会经济造成不良影响。而对于生活中的用户来说，停电可能会影响家庭的正常用电，甚至影响到医疗设备等关键设备的运行，给生活带来诸多不便和安全隐患。电气系统的负载短路等故障可能会引发严重的安全事故，给人们的生命和财产安全带来巨大威胁。因此，预防和及时处理电气系统故障显得尤为重要。通过定期的检查维护、合理的负载设计、安装过载保护装置等措施，可以有效降低故障发生的可能性，保障电气系统的安全稳定运行。同时，加强人员的安全意识培训，提高应急处置能力，也是防范电气系统故障的重要举措。

（二）控制失灵

电气控制系统的故障可能导致电网电压的大幅度下降，给整个电网和用户的电力设备带来严重影响，甚至可能导致电网系统的瘫痪和用户设备出现问题。

电气控制系统在电网中扮演着至关重要的角色。它通过监测、调节和保护电网的运行状态，确保电网的稳定性和安全性。一旦电气控制系统出现故障，例如控制器失灵，就无法对电网的运行状态进行有效监测和调节，可能导致电网电压的异常波动。电网电压的大幅度下降会直接影响到所有用户所使用的电力设备。低电压可能导致设备无法正常运行，甚至损坏设备。例如，电压下降可能导致电机无法启动或正常运转，影响生产和生活中的各种设备的运行，造成生产中断和生活不便。更为严重的是，电网电压的大幅度下降可能导致电网系统的瘫痪。电网是一个庞大的复杂系统，各个部件之间相互依赖，一旦某一部件出现故障，可能引发连锁反应，最终导致整个电网系统的崩溃。电网系统的瘫痪将导致广泛的停电，影响到社会的正常运转，甚至可能引发重大事故，造成严重的人员伤亡和财产损失。预防和及时处理电气控制系统故障显得尤为重要。定期对电气控制系统进行检查和维护，确保其正常运行和稳定性。同时，采取有效的备份措施和应急预案，及时应对可能发生的故障，最大限度地减少故障对电网和用户设备的影响。此外，加强对电气控制系统操作人员的培训和管理，提高其应对故障的能力和意识，也是确保电网安全稳定运行的重要措施。电气控制系统的故障可能导致电网电压的大幅度下降，给整个电网和用户的电力设备带来严重影响，甚至可能导致电网系统的瘫痪和用户设备出现问题。因此，加强对电气控制系统的管理和维护，提高其稳定性和可靠性，对确保电网的安全运行具有重要意义。

（三）电流过大

当电气系统中的电流过大时，会在电网线路中产生强大的冲击电流，这种情况可能会导致严重的设备损坏，对电气系统的稳定性和安全性构成威胁。电流过大可能导致电气设备超负荷运行，超出其设计承载能力，从而引发设备损坏。电流过大会导致设备内部发热，可能使绝缘材料受到破坏，引发局部短路或击穿，甚至引发设备的燃烧。例如，电动机在长时间高负载运行下，可能会因绝缘老化而导致绝缘层破裂，从而引发电流过大的故障。电流过大会在电网线路中产生强大的冲击电流，这种电流会给线路和设备带来巨大的压力和冲击，可能造成线路的断裂、开关的烧坏等严重后果。特别是在高压电网中，电流过大可能导致线路绝缘子、断路器等设备受到严重损坏，甚至引发设备爆炸，给电网运行带来极大的安全隐患。电流过大还可能导致电压下降，影响电网的稳定运行。大电流通常会导致线路电阻升高，从而使电压降低，影响到用户的正常用电。电压下降可能导致设备无法正常运行，甚至造成设备损坏，给生产和生活带来严重影响。为了预防电流过大导致的设备损坏，可以采取一系列措施。首先，合理设计电气系统，确保电流在可控范围内运行，避免超负荷运行。其次，加强对电气设备的定期检查和维护，及时发现并处理设备中的潜在问题，确保设备的正常运行。此外，安装过载保护装置和电流限制器等设备，及时切断过载电流，保护电气设备的安全运行。电流过大可能会在电网线路中产生强大的冲击电流，给电气设备带来严重损坏，对电气系统的稳定性和安全性构成威胁。因此，加强对电气系统的管理和维护，采取有效的预防措施，对确保电气系统的安全运行具有重要意义。

（四）电动机低速运行

当交流异步电动机在较低的速度工作时，如果定子电流过大，整个电动机绕组都有被烧坏的隐患，这可能导致严重的电机损坏和生产中断。交流异步电动机是工业中广泛使用的一种电动机类型，其工作原理是通过转子的感应电流产生转矩来驱动机械负载。在低速工作时，由于转子的感应电动势较低，为了维持所需的转矩，定子电流可能会增大。如果定子电流过大，将导致定子绕组受到过载，引发绕组发热，甚至导致绕组绝缘老化、破裂，最终引发绕组烧坏。当定子绕组发生烧坏时，会导致电机失效，从而造成生产中断和生产线停滞。这不仅会带来生产效率的降低，还可能导致订单延误、损失客户信任等严重后果，对企业的正常经营造成严重影响。定子绕组烧坏还可能引发电机的局部或全面故障。如果烧坏的绕组处于机械负载的关键位置，可能导致设备无法正常运行，甚至造成机械损坏。此外，烧坏的绕组还可能引发局部过热，导致绕组周围的绝缘材料受损，最终导致电机失效。为了防止交流异步电动机在较低速度工作时定子电流过大导致绕组烧坏的情况发生，可以采取以下措施。首先，合理设计电动机的运行参数，确保在低速工作时电机能够正常运行，并避免过大的定子电流。其次，加强对电动机的监测和维护，定期检查电机的运行状态，及时发现并处理电机中的潜在问题。此外，根据实际情况选择合适的保护装置，如过载保护器、温度传感器等，及时切断过载电流，保护电机的安全运行。当交流异步电动机在较低的速度工作时，如果定子电流过大，整个电动机绕组都有被烧坏的隐患。为了确保电机的安全运行，需要采取有效的预防措施，避免定子电流过大引发的绕组烧坏问题。

三、电气控制系统的应急响应

（一）根据监控系统的报警信息来迅速确定故障发生情况

监控系统在电力系统中的作用至关重要，它能够及时发现电力系统中的异常情况，并通过报警信息提供关键的故障信息，帮助运维人员快速确定故障位置、类型和大小等关键信息。在故障发生时，迅速采取应急处理措施，切断故障，不仅能够保证其他电力部件的正常工作，还能够避免故障影响到其他电力设备的安全运行。

监控系统通过实时监测电力系统的运行状态，当检测到异常情况时，会及时发出报警信息。运维人员根据报警信息，可以迅速确定故障发生的位置、类型和大小等关键信息。例如，监控系统可能会报警显示某个电力部件的电流过载、电压异常或温度过高等情况，这些信息对于确定故障的性质和严重程度至关重要。根据监控系统提供的故障信息，运维人员可以迅速采取应急处理措施，切断故障。根据故障的具体情况，可以采取自动或手动的方式进行切断。例如，如果监控系统检测到某个电力部件的电流过载，可以通过自动断路器或断路器保护装置自动切断故障电路，防止故障进一步扩大。如果故障无法通过自动切断解决，运维人员可以通过手动操作切断故障电路，以防止故障对其他电力设备造成影响。通过迅速切断故障，一方面可以保证其他电力部件工作的正常进行，避免故障扩大影响到其他设备的安全运行。另一方面，可以降低故障对电力系统的影响，缩短故障恢复时间，减少生产中断和损失。监控系统在电力系统中起着至关重要的作用，它能够及时发现电力系统中的异常情况，并提供关键的故障信息。运维人员根据监控系统提供的信息，迅速确定故障位置、类型和大小等关键信息，并采取应急处理措施，切断故障，保证其他电力部件的正常工作，避免故障对其他电力设备的影响。这对于保障电力系统的安全稳定运行具有重要意义。

（二）根据监控系统的诊断功能对故障进行进一步分析

切断电流后，利用监控系统的诊断功能对故障进行进一步分析是非常重要的。这个过程可以帮助识别故障的根本原因，从而制定出合理的故障处理办法，以防止类似故障再次发生。

监控系统的诊断功能可以通过对电力系统各部件的参数进行实时监测和分析，从而帮助识别故障发生的具体原因。例如，监控系统可能会分析电流、电压、温度等参数的变化趋势，找出与故障相关的异常情况，如电流过载、电压波动或温度异常等。通过这些分析，可以初步确定故障可能的原因，为后续的故障处理提供重要线索。监控系统还可以通过历史数据的比对和分析，帮助识别故障的根本原因。监控系统通常会记录电力系统的运行数据，包括各部件的运行状态、工作参数等信息。通过对历史数据的比对和分析，可以找出故障发生前的异常情况，从而确定故障的根本原因。例如，监控系统可能会发现某个电力部件在故障发生前存在异常波动的情况，这可能是故障的根本原因之一。基于监控系统提供的故障分析结果，可以制定出合理的故障处理办法。这些处理办法可能包括修复故障部件、更换损坏元件、调整工作参数等措施，以恢复电力系统的正常运行。在制定故障处理办法时，需要考虑到故障的严重程度、影响范围以及修复的难易程度等因素，确保采取的措施既能够及时解决故障，又能够保证电力系统的安全稳定运行。利用监控系统的诊断功能对故障进行进一步分析是非常重要的。这个过程可以帮助识别故障的根本原因，从而制定出合理的故障处理办法，确保电力系统的安全稳定运行。通过及时的故障分析和处理，可以最大限度地减少故障对电力系统的影响，提高系统的可靠性和可用性。

（三）根据处理办法对故障进行修理

根据处理办法对故障进行修理是恢复电力系统正常运行的重要步骤。在确定了故障原因并制定了处理方案后，运维人员需要迅速采取措施修复故障，以最大限度地减少停机时间和生产损失。然而，如果故障较大或者设备已经损坏到无法修复的程度，那么更换相关设备可能是更为合适的选择。

对于可以修复的故障，运维人员应该根据制定的处理方案，采取相应的维修措施。这可能包括修理受损的部件、更换损坏的元件、调整工作参数等。修理过程需要确保操作安全，并且尽可能地缩短停机时间，以减少生产中断对企业的影响。此外，为了防止类似故障再次发生，还应该对相关设备进行彻底的检查和维护，以确保设备的可靠性和稳定性。对于一些较大或者无法修复的故障，更换相关设备可能是更为合适的选择。这些故障可能涉及到设备的严重损坏、老化、技术过时等情况，无法通过修理来解决。在这种情况下，更换设备可以更快地恢复电力系统的正常运行，并且可以避免因设备损坏而引发的安全隐患和生产风险。当选择更换设备时，需要确保新设备的性能、质量和适配性，以满足电力系统的运行需求。对于一些重要的电力设备，为了提高系统的可靠性和稳定性，可以考虑进行设备的升级和改造。通过升级和改造，可以提高设备的性能、延长使用寿命，并且适应新的工作环境和要求。这对于提高电力系统的整体运行效率和可用性具有重要意义。根据处理办法对故障进行修理是恢复电力系统正常运行的关键步骤。对于可以修复的故障，应该采取及时有效的维修措施，尽快恢复设备的正常运行。对于无法修复或者需要进行重大维修的设备，可以考虑更换相关设备或者进行设备的升级和改造，以提高系统的可靠性和稳定性。通过及时的故障处理和维护，可以保证电力系统的安全稳定运行，确保生产和生活的正常进行。

（四）完成设备修复或更换后，对其进行试运行测试

完成设备修复或更换后，进行试运行测试是确保电力电气控制系统正常运行的重要环节。通过试运行测试，可以验证修复或更换的设备是否能够正常工作，并且保证其数据符合整个系统的要求。只有在测试结果符合要求的情况下，才能恢复整个系统的工作，完成故障的处理。

试运行测试需要明确测试的内容和标准。根据电力电气控制系统的要求，确定试运行测试的项目和指标，包括设备的工作参数、运行稳定性、安全性等方面的要求。这些测试项目和指标应该与系统的设计要求相符，以确保系统的正常运行和安全性。进行试运行测试时需要注意测试的操作过程和方法。测试人员应该严格按照测试计划和操作规程进行操作，确保测试的准确性和可靠性。测试过程中需要及时记录测试数据，并对测试结果进行分析和评估，以确保测试的有效性和可信度。对修复或更换的设备进行试运行测试。在测试过程中，需要监测设备的运行状态和工作参数，以确保设备能够正常工作，并且符合系统的要求。如果发现设备存在异常情况或者数据不符合要求，需要及时对设备进行调整或修正，直到符合要求为止。根据试运行测试的结果决定是否恢复整个系统的工作。如果修复或更换的设备通过了试运行测试，数据符合系统的要求，那么可以恢复整个系统的工作，完成故障的处理。在恢复系统工作之前，需要确保相关的安全措施已经得到有效执行，以保障系统的安全稳定运行。通过试运行测试可以验证修复或更换的设备是否能够正常工作，并且保证其数据符合整个电力电气控制系统的要求。只有在测试结果符合要求的情况下，才能恢复整个系统的

工作，完成故障的处理。通过严格的测试和检验，可以确保电力电气控制系统的安全稳定运行，提高系统的可靠性和可用性。

四、电气控制系统的控制策略

（一）开环控制

在开环控制中，控制器的输出不依赖于系统的反馈信息。相反，控制器根据系统的模型和预期的输出值，直接生成控制信号，并将其送给执行机构。尽管这种控制方式简单直接，但在面对系统的不确定性和外部扰动时，其鲁棒性较差。

开环控制忽略了系统的实时反馈信息，仅依赖于事先建立的系统模型和预期的输出值进行控制。由于现实系统往往存在着诸多不确定性，例如环境变化、参数摄动等，控制器无法对这些变化进行实时调整和补偿，容易导致控制误差积累和系统偏离预期轨迹。开环控制对外部扰动的鲁棒性较差。外部扰动是指在控制过程中由于外界环境变化或其他因素引起的系统输出波动或干扰。由于开环控制不考虑系统反馈信息，因此无法对外部扰动进行实时修正，系统容易受到扰动的影响而产生偏差。开环控制对系统参数变化和模型误差的敏感性较高。系统参数可能受到因素如温度、湿度等环境因素的影响而发生变化，而开环控制无法实时调整控制策略以适应这些变化。同时，由于系统模型通常是基于理论分析或实验测量得到的，存在着一定的误差，开环控制容易受到模型误差的影响而导致控制性能下降。尽管开环控制存在这些缺点，但在一些简单的应用场景中仍然具有一定的优势。例如，对于一些稳定性要求不高、系统动态较为缓慢的应用，开环控制可以提供简单有效的解决方案。此外，在某些特定的工程实践中，开环控制也可用于作为系统的预测性控制的一部分，以提高整个系统的性能和稳定性。尽管开环控制在简单直接的特点下具有一定优势，但在面对系统的不确定性和外部扰动时，其鲁棒性较差。因此，在实际应用中需要根据具体情况选择合适的控制策略，并在需要时结合闭环控制等方法以提高系统的稳定性和性能。

（二）闭环控制

闭环控制是一种基于系统的反馈信息进行调节的控制方式。在闭环控制中，系统的输出被反馈给控制器，用于比较期望值和实际值，然后根据误差来调节控制信号。

相比于开环控制，闭环控制能够使系统对不确定性和扰动具有一定的鲁棒性，从而更好地实现期望的控制效果。

闭环控制利用系统的反馈信息来进行实时调节，可以有效地消除由于不确定性和扰动引起的系统偏差。通过将系统输出与期望值进行比较，控制器可以根据误差的大小和方向来调节控制信号，使系统的实际输出逐渐接近期望值。这种反馈机制可以使闭环控制系统具有较强的自适应能力，能够适应系统参数的变化和外部扰动的影响，从而提高系统的稳定性和鲁棒性。闭环控制能够更好地实现期望的控制效果。通过实时监测系统的实际输出，并根据反馈信息对控制信号进行调节，闭环控制可以使系统更加准确地跟踪期望值，并且更快地达到稳定状态。这种精确的控制能力使闭环控制在许多应用中具有广泛的适用性，例如自动控制系统、机器人控制、工业生产过程等领域。闭环控制还能够提高系统的鲁棒性和稳定性。通过不断地调节控制信号，闭环控制可以使系统保持在稳定的工作状态，并且对于外部干扰和不确定性具有一定的抵抗能力。这种鲁棒性使闭环控制系统更加可靠，能够在复杂和变化的环境中保持良好的性能。闭环控制是一种基于系统反馈信息进行调节的控制方式，能够使系统对不确定性和扰动具有一定的鲁棒性，从而更好地实现期望的控制效果。闭环控制在许多应用中具有广泛的适用性，并且能够提高系统的稳定性、精度和可靠性，因此在工程控制和自动化领域得到了广泛的应用。

（三）比例-积分-微分（PID）控制

PID 控制是一种常见的闭环控制策略，它通过比例项、积分项和微分项来调节控制器的输出。这三个项分别对应于系统的误差、误差的累积和误差的变化率，通过综合利用这些信息，PID 控制器能够有效地调节系统的动态响应，提高系统的稳定性和性能。

比例项（P 项）根据系统当前的误差大小来调节控制器的输出。比例控制作用于系统的误差，其调节效果与误差的大小成正比。当误差较大时，比例项的作用更加明显，能够加速系统的响应速度；当误差较小时，比例项的作用相对减弱，以避免系统的过冲和振荡。通过适当调节比例增益，可以实现系统响应速度和稳定性之间的平衡。积分项（I 项）用于消除系统的静态误差。积分控制作用于误差的累积值，通过对误差的积分来调节控制器的输出。当系统存在静态误差时，比例控制往往无法完全消除这种误差，而积分项则可以通过不断积累误差来逐渐消除静态误差，使系统更加稳定和准确。微分项（D 项）用于抑制系统的振荡和提高系统的稳定性。微分控制作用于误差的变化率，通过对误差的微分来调节控制器的输出。当系统存在振荡或者过冲时，微分项能够通过对误差变化率的调节来抑制系统的振荡，提高系统的稳定性和响应速度。微分项还能够提高系统对于外部干扰的抵抗能力，使系统更加可靠。综合利用比例、积分和微分三个控制项，PID 控制器能够有效地调节系统的动态响应，提高系统的稳定性和性能。通过适当调节 PID 参数，可以实现对不同系统的精确控制，满足不同应用场景的要求。因此，PID 控制在工程控制和自动化领域得到了广泛的应用，是一种简单而又有效的控制策略。

（四）模糊控制

模糊控制是一种基于模糊逻辑的控制方法，它利用模糊规则和模糊集合来处理系统的模糊输入和输出。相比于传统的精确控制方法，模糊控制能够更好地应对系统的非线性、不确定性和模糊性，适用于复杂系统和模糊环境下的控制问题，具有较强的鲁棒性和适应性。

模糊控制利用模糊规则和模糊集合来描述系统的输入输出关系，从而克服了传统控制方法中需要精确数学模型的限制。模糊控制将系统的输入和输出以模糊集合的形式表示，通过模糊规则来描述输入和输出之间的关系，而不需要准确的数学模型。这使得模糊控制能够更好地处理系统的非线性和不确定性，适用于复杂系统和模糊环境下的控制问题。模糊控制能够处理模糊输入和输出，使得系统具有较强的适应性和鲁棒性。在实际控制过程中，系统的输入和输出往往具有一定的模糊性和不确定性，例如人的语言表达、环境条件等。模糊控制能够通过模糊规则来处理这些模糊输入和输出，使得系统能够更好地适应不确定的环境和条件变化，提高控制的鲁棒性和稳定性。模糊控制能够应对复杂系统和多变环境下的控制问题，具有较强的实用性和适用性。在许多实际应用中，系统往往具有较高的复杂性和不确定性，传统的精确控制方法往往难以处理这些复杂性和不确定性。而模糊控制能够通过模糊规则和模糊集合来描述系统的输入输出关系，从而更好地应对复杂系统和多变环境下的控制问题，具有较强的实用性和适用性。模糊控制是一种基于模糊逻辑的控制方法，能够更好地应对系统的非线性、不确定性和模糊性，适用于复杂系统和模糊环境下的控制问题。通过模糊规则和模糊集合的描述，模糊控制能够处理模糊输入和输出，具有较强的适应性和鲁棒性。因此，在实际工程和自动化控制领域，模糊控制得到了广泛的应用，并且具有重要的理论和实践价值。

（五）最优控制

最优控制是一种解决优化问题的方法，旨在使系统的性能指标达到最优。这种控制方法通常涉及对系统的数学模型进行建模，并通过优化算法来求解最优控制策略，以达到系统的最优性能。最优控制在工程、经济学、管理学等领域都有广泛的应用，能够有效地提高系统的效率、性能和经济性。

最优控制需要建立系统的数学模型，以描述系统的动态行为和性能指标。这通常涉及到对系统的物理原理、动力学方程、约束条件等进行建模和分析。通过建立准确的数学模型，可以清晰地描述系统的行为特征和性能指标，为后续的最优控制设计提供基础和依据。最优控制利用优化算法来求解系统的最优控制策略，以达到系统的最优性能。优化算法的选择通常取决于系统的特点、性能指标和约束条件。常见的优化算法包括动态规划、最优控制理论、数值优化方法等。这些算法能够通过对系统模型的分析和求解，找到使系统性能指标达到最优的控制策略。最优控制能够综合考虑系统的各种约束条件和性能指标，以实现系统的全局最优性能。在实际应用中，系统往往存在着多种约束条件和性能指标，例如能耗、成本、响应速度、稳定性等。最优控制能够综合考虑这些因素，通过优化算法求解出最优的控制策略，使系统在满足约束条件的前提下达到最佳性能。最优控制在实际应用中具有广泛的应用价值。在工程领域，最优控制可以用于设计和优化控制系统，提高系统的效率和性能；在经济学和管理学领域，最优控制可以用于制定最优决策，优化资源分配和管理；在科学研究领域，最优控制可以用于模拟和优化复杂系统的行为。因此，最优控制在提高系统效率、优化资源利用和解决复杂问题方面具有重要的意义和应用前景。

（六）自适应控制

自适应控制是一种能够根据系统的变化和不确定性自动调整控制参数的控制策略。相比于传统的固定参数控制方法，自适应控制具有更高的灵活性和适应性，能够适应系统的动态变化和外部扰动，提高系统的鲁棒性和稳定性。在实际应用中，自适应控制被广泛应用于工业控制、自动驾驶、航空航天等领域，具有重要的理论和实际意义。

自适应控制通过实时监测系统的状态和性能指标，根据反馈信息来调整控制参数。这种实时调整的机制使得自适应控制能够及时响应系统的变化和不确定性，保持系统的稳定性和性能。与固定参数控制方法相比，自适应控制能够更好地适应系统的动态变化和外部干扰，具有更高的适应性和鲁棒性。自适应控制能够处理系统的非线性、时变性和不确定性，提高系统的稳定性和可靠性。在实际控制过程中，系统往往存在着各种非线性因素、时变因素和不确定因素，这些因素会影响系统的控制性能和稳定性。自适应控制通过实时调整控制参数，能够有效地克服这些因素的影响，保持系统的稳定性和可靠性。自适应控制能够提高系统的鲁棒性和抗干扰能力。在复杂的工业环境中，系统往往面临着各种外部干扰和环境变化，这些干扰会影响系统的控制性能和稳定性。自适应控制能够通过实时调整控制参数，使系统能够更好地适应外部环境的变化，提高系统的鲁棒性和抗干扰能力，保持系统的稳定性和可靠性。自适应控制是一种能够根据系统的变化和不确定性自动调整控制参数的控制策略。通过实时监测系统的状态和性能指标，并根据反馈信息来调整控制参数，自适应控制能够提高系统的鲁棒性、稳定性和可靠性，适用于复杂系统和动态环境下的控制问题。在工业控制、自动驾驶、航空航天等领域具有广泛的应用前景，对于提高系统的性能和效率具有重要的意义。

第二节　故障诊断与排除

一、电气控制系统的作用

电气控制系统在自动化设备中扮演着至关重要的角色。其主要作用是监测和控制设备的运行状态，以确保设备按照预定的参数和程序运行。这个系统通常包括传感器、控制器、执行器以及通信设备，它们协同工作以实现自动化控制和远程监测。通过实时监测各种参数和数据，电气控制系统可以及时检测并响应设备状态的变化，以确保设备在各种工作条件下的安全和高效运行。

传感器是电气控制系统中的重要组成部分，用于实时采集设备的各种参数和状态数据，如温度、压力、流量、位置等。这些传感器将实时数据传输给控制器，使其能够准确地了解设备的工作状态和环境条件。控制器是电气控制系统的核心，负责对传感器采集的数据进行处理和分析，并根据预设的控制策略生成相应的控制信号。控制器根据设备的工作状态和运行要求，调节执行器的操作，实现对设备的精确控制。执行器是电气控制系统中的执行机构，根据控制器发送的信号执行相应的操作，如开关电路、调节阀门、驱动电机等。执行器的动作将直接影响到设备的运行状态和性能，因此其可靠性和精确性对于系统的正常运行至关重要。通信设备在电气控制系统中扮演着连接和数据交换的重要角色。通过通信设备，电气控制系统可以与上位监控系统或者其他设备进行数据交换和通信，实现远程监测和控制。这使得操作人员可以随时随地监测设备的运行状态和参数，及时做出调整和处理。电气控制系统通过传感器、控制器、执行器和通信设备的协同工作，实现了对设备的自动化控制和远程监测。通过实时监测各种参数和数据，电气控制系统可以及时检测并响应设备状态的变化，保证设备在各种工作条件下的安全和高效运行。在工业自动化、智能制造等领域，电气控制系统发挥着不可替代的作用，为生产和运营提供了可靠的技术支持。

二、常见电气控制系统故障

（一）电线连接问题

电气控制系统通常包括大量电缆和电线连接，这些连接可能会受到多种因素的影响。常见的问题包括电线插头松动、接头锈蚀、电线断开或受损。这些问题可能导致信号传输的中断或不稳定，最终影响到设备的控制和操作。例如，如果电线连接松动，电流和电压可能会波动，从而引发误报或错误操作。

电线插头松动是电气控制系统中常见的问题之一。长时间的振动和使用会导致插头和插座之间的连接松动，从而影响信号的稳定传输。当电线插头松动时，电流和电压可能会出现不稳定的情况，导致控制系统接收到错误的信号或者完全失去信号，进而影响到设备的正常运行。接头锈蚀也是电气控制系统常见的问题之一。由于环境中的湿气和腐蚀性物质的作用，电线接头往往会出现锈蚀现象，导致接触不良或者信号传输中断。接头锈蚀会增加接触电阻，降低电路的通电效率，甚至引发短路或火灾等安全隐患，严重影响到设备的稳定性和安全性。电线断开或受损也可能影响电气控制系统的正常运行。长期使用、机械损伤或外部环境因素的影响都可能导致电线的断裂或受损，使得信号传输中断或者出现错误。电线断开会导致设备失去控制信号，无法正常工作，严重影响到生产和运营。电气控制系统中电线连接问题可能导致信号传输的中断或不稳定，进而影响到设备的控制和操作。为了确保系统的稳定性和可靠性，需要定期对电线连接进行检查和维护，及时发现并解决潜在问题，以减少故障发生的可能性，保障设备的正常运行。同时，在设计和安装电气控制系统时，也应考虑采取防水防腐、固定牢固等措施，提高系统的抗干扰能力和稳定性。

（二）电子元件故障

电子元件如控制器、传感器和执行器在电气控制系统中起着关键作用。然而，它们也容易受到各种故障的影响。这些故障可能包括短路、断路、元件损坏或失效。例如，传感器可能因过度使用或外部因素（如振动或腐蚀）而失灵，导致设备无法准确感知环境或执行指令。控制器或执行器的短路或断路可能会导致整个系统的停机。

传感器是电气控制系统中用于感知和采集环境参数的重要组成部分。传感器可能会受到过度使用、外部振动、腐蚀等因素的影响而失灵。例如，温度传感器可能由于长期高温或化学物质的腐蚀而失效，导致无法准确感知环境的温度。这种情况下，系统无法根据实际情况做出正确的控制决策，可能导致设备运行异常或者安全隐患。控制器作为电气控制系统的大脑，负责对传感器采集的数据进行处理和分析，并生成相应的控制信号。然而，控制器本身也可能出现短路、断路或者其他故障。例如，控制器的电路板可能因为过载或者电压浪涌而发生短路，导致控制器无法正常工作，进而影响到整个系统的控制和操作。执行器是电气控制系统中用于执行控制信号的关键部件。执行器可能因为过度负荷、电磁干扰等因素而出现短路或者断路的情况。例如，电动执行器可能因为电机绕组短路或者机械部件断裂而无法正常工作，导致系统无法执行控制指令，进而影响到设备的正常运行。电子元件如控制器、传感器和执行器在电气控制系统中扮演着关键的角色，但它们也容易受到各种故障的影响。这些故障可能包括短路、断路、元件损坏或失效，严重影响到系统的稳定性和可靠性。因此，在设计和运行电气控制系统时，需要采取有效的措施对电子元件进行定期检查和维护，及时发现并解决潜在的故障问题，保障系统的正常运行。同时，也需要提高电子元件的质量和可靠性，减少故障发生的可能性，提高系统的稳定性和可靠性。

（三）电源问题

电气控制系统需要稳定的电源供应以确保正常运行。电源供应的不稳定或中断可能是电气控制系统故障的常见原因之一。这种问题可能由电源波动、电源线路故障或供电设备损坏引起。电源问题可能导致设备突然停机，造成生产中断，或者导致数据丢失，影响设备的可靠性和数据完整性。

电源波动是电气控制系统常见的问题之一。电源波动可能由于电网负载变化、电源设备故障或者供电不稳定等因素引起。电源波动可能导致电压和电流的不稳定，影响到控制系统的正常运行。例如，电压波动可能导致控制器或执行器无法正常工作，或者设备运行过程中出现异常现象，进而影响到生产效率和设备稳定性。电源线路故障也可能导致电气控制系统的故障。电源线路可能受到机械损伤、接触不良、短路或断路等问题的影响，导致电源供应中断或不稳定。电源线路故障可能会影响到整个控制系统的供电，导致设备突然停机或者无法正常运行，严重影响到生产和设备运行。供电设备的损坏也可能导致电气控制系统的故障。供电设备包括变压器、开关电源、UPS 等，它们负责为电气控制系统提供稳定的电源供应。然而，供电设备可能由于老化、过载、电路故障等原因而损坏，导致电源供应中断或不稳定。供电设备的损坏可能会导致设备突然停机，造成生产中断，或者导致数据丢失，影响到设备的可靠性和数据完整性。电源供应的不稳定或中断可能是电气控制系统故障的常见原因之一。电源问题可能由电源波动、电源线路故障或供电设备损坏引起，严重影响到设备的正常运行和生产效率。因此，在设计和运行电气控制系统时，需要确保电源供应的稳定性和可靠性，采取有效的措施保障系统的正常运行。同时，也需要定期对电源设备进行检查和维护，及时发现并解决潜在的问题，提高系统的稳定性和可靠性。

（四）软件故障

电气控制系统通常依赖于复杂的软件程序来执行各种控制和监测任务。然而，软件也可能出现问题，如程序错误、死循环或崩溃。这些问题可能导致系统无法正常运行，甚至可能引发设备损坏或操作不当的情况。软件故障需要仔细的代码审查和测试来解决。

程序错误是软件故障的常见原因之一。在软件开发过程中，程序员可能会犯错或者遗漏一些重要的细节，导致程序出现逻辑错误或者功能异常。这些程序错误可能会导致系统无法正确执行控制和监测任务，进而影响到设备的正常运行。例如，一个温度控制系统中的程序错误可能导致温度传感器的数据处理出现错误，从而使得设备无法根据实际温度做出正确的控制决策。死循环是软件故障的另一个常见问题。死循环是指程序中的一个循环结构永远无法退出或者退出条件设置不当，导致程序陷入无限循环的状态。这种情况下，程序将无法继续执行其他任务，可能会导致系统崩溃或者无法响应外部指令。例如，一个控制系统中的死循环可能会导致执行器一直处于某种状态，无法响应控制器的指令，从而影响到设备的正常运行。软件崩溃也可能导致电气控制系统的故障。软件崩溃是指程序在运行过程中突然终止或者崩溃，导致系统无法正常工作。软件崩溃可能由于内存溢出、资源泄露、系统错误等原因引起，严重影响到系统的稳定性和可靠性。例如，一个控制系统中的软件崩溃可能会导致设备突然停机，造成生产中断，或者导致数据丢失，影响到设备的可靠性和数据完整性。软件故障可能导致电气控制系统无法正常运行，严重影响到设备的稳定性和可靠性。为了解决软件故障，需要进行仔细的代码审查和测试，确保程序的正确性和稳定性。同时，也需要采取有效的措施，如定期更新软件、实施容错机制等，提高系统的容错能力和稳定性，保障设备的正常运行。

（五）环境因素

电气控制系统的稳定性和可靠性受到环境因素的影响。高温、高湿度、尘埃或化学物质的暴露可能会损害电气元件或引发电路短路。为了防止这些环境因素对系统造成不利影响，必须采取适当的措施，如设备封闭、温度控制和防尘措施，以确保电气控制系统的稳定性和可靠性。

高温环境可能会对电气控制系统造成严重影响。在高温环境下，电气元件的工作温度可能会超出其设计范围，导致元件性能下降甚至损坏。例如，集成电路和电子元件的工作温度通常受到严格限制，过高的温度可能导致电子元件的失效或降低其寿命。为了应对高温环境的影响，可以采取措施如设备散热、使用耐高温的电气元件等，以确保电气控制系统在高温环境下的稳定性和可靠性。高湿度环境也可能对电气控制系统造成损害。湿度可能导致电气元件和电路板表面产生电气击穿或腐蚀，严重影响到系统的性能和可靠性。尤其是在潮湿环境下，电气控制系统的故障风险更加显著。为了应对高湿度环境的影响，可以采取措施如设备密封、防潮处理、使用防水电气元件等，以确保电气控制系统在潮湿环境下的稳定性和可靠性。尘埃和化学物质的暴露也可能对电气控制系统造成严重影响。尘埃可能堵塞设备通风孔，导致散热不良或者电路短路。化学物质可能腐蚀电气元件表面，使其性能下降。为了防止尘埃和化学物质对系统的损害，可以采取措施如定期清洁设备、使用防尘罩或者化学防护涂层等，以确保电气控制系统在恶劣环境下的稳定性和可靠性。为了确保电气控制系统的稳定性和可靠性，必须采取适当的措施应对环境因素的影响。高温、高湿度、尘埃或化学物质的暴露可能会损害电气元件或引发电路短路，因此需要通过设备封闭、温度控制和防尘措施等来保护电气控制系统，确保其在各种环境条件下的正常运行。

三、故障诊断方法

（一）状态监测

状态监测是一种通过实时监测设备的状态和参数来检测异常情况的方法。这需要使用传感器和监测设备来收集关键参数的数据，如电流、电压、温度和压力等。监测数据的分析可以帮助识别异常模式或趋势，从而发现潜在的故障原因。例如，通过监测电机的电流和振动数据，可以检测到电机轴承的磨损，从而提前采取维护措施。

状态监测通过实时采集设备关键参数的数据，如电流、电压、温度和压力等，以反映设备运行的实际状态。这些数据可以通过传感器和监测设备来获取，并实时传输到监控系统进行分析和处理。通过监测设备的状态参数，可以及时发现设备运行过程中的异常情况，如过载、过热、压力异常等，为预防设备故障提供了重要的数据支持。监测数据的分析可以帮助识别异常模式或趋势，从而发现潜在的故障原因。通过对监测数据进行统计分析、模式识别和趋势分析，可以发现设备运行过程中的异常行为或者变化规律。例如，通过对电机的电流数据进行频谱分析，可以检测到电机轴承的磨损或故障，从而提前预警并采取相应的维护措施，避免设备损坏或停机带来的生产损失。状态监测还可以帮助优化设备的运行和维护策略。通过分析监测数据，可以评估设备的运行状态和性能表现，为设备的优化运行和维护提供参考依据。例如，通过监测电气设备的能耗数据，可以评估设备的能效水平，并提出相应的节能改进措施，降低能源消耗和运营成本。状态监测通过实时监测设备的状态和参数，提供了重要的数据支持和预警功能，有助于及时发现设备运行过程中的异常情况，并识别潜在的故障原因。通过监测数据的分析，可以帮助优化设备的运行和维护策略，提高设备的可靠性和运行效率，降低维护成本和生产风险。

（二）数据分析

数据分析是一种基于历史数据的方法，通过对已收集的数据进行分析，寻找异常行为或规律性变化。这种方法依赖于数据采集系统、数据存储设备以及数据分析工具。例如，通过比较设备在正常运行状态和故障状态下的数据，可以识别出异常模式，从而确定可能的故障原因。

数据分析依赖于数据采集系统的有效运行和数据的准确采集。数据采集系统通过传感器、监测设备等实时采集设备运行过程中的关键参数数据，如电流、电压、温度等，并将这些数据存储在数据存储设备中，以备后续分析和处理。数据采集系统的稳定运行和准确数据采集为数据分析提供了基础。数据分析依赖于数据存储设备的可靠性和数据的有效管理。数据存储设备负责存储采集到的大量数据，并确保数据的安全性和完整性。数据存储设备通常包括数据库、数据仓库等，需要具备良好的性能和稳定性，以确保数据的及时存储和高效检索。同时，数据的有效管理也是数据分析的关键，包括数据清洗、数据处理、数据挖掘等环节，以确保数据的质量和可靠性，为后续的分析提供可靠的数据基础。数据分析还依赖于数据分析工具的选择和应用。数据分析工具通常包括统计分析软件、数据挖掘工具、机器学习算法等，可以帮助对采集到的数据进行分析和处理，发现其中的规律性变化和异常行为。通过数据分析工具的应用，可以从历史数据中挖掘出隐藏的信息，识别出异常模式，从而为故障诊断和预测提供重要参考。数据分析是一种基于历史数据的方法，通过对已收集的数据进行分析，寻找异常行为或规律性变化，为设备故障诊断和预测提供重要参考。数据分析依赖于数据采集系统、数据存储设备以及数据分析工具的有效运行和应用，需要确保数据的准确采集、可靠存储和有效管理，以提供可靠的数据支持和分析结果。

（三）自诊断功能

许多现代电气控制系统都具备自诊断功能，能够自动检测并报告故障。这些系统使用内置的故障检测算法，监测设备的各个方面，如传感器数据、执行器状态和控制器性能。一旦检测到异常，系统会生成警报或故障代码，提示操作人员采取适当的措施。自诊断功能可以大大缩短故障诊断的时间，提高设备的可靠性。

自诊断功能通过内置的故障检测算法实现对设备状态的实时监测。这些算法可以针对不同类型的设备和故障模式进行优化设计，通过监测传感器数据、执行器状态和控制器性能等方面的信息，识别设备运行过程中的异常情况。例如，通过对传感器数据的监测，系统可以检测到温度过高、压力异常或电流波动等异常情况，从而及时发现潜在的故障隐患。一旦检测到异常，自诊断功能会及时生成警报或故障代码，通知操作人员采取相应的措施。警报可以通过声音、光标或者显示屏等方式进行提示，提醒操作人员注意设备的异常情况。同时，系统也会记录下相应的故障代码，以便后续的故障诊断和修复。这种及时的警报和反馈机制有助于操作人员迅速响应，及时处理设备故障，避免故障进一步恶化。自诊断功能可以大大缩短故障诊断的时间，提高设备的可靠性。传统的故障诊断通常需要由专业技术人员进行手动检查和分析，耗时耗力。而自诊断功能能够实现对设备状态的自动监测和故障诊断，极大地减少了故障诊断的时间和人力成本。这不仅提高了设备的可靠性和稳定性，还降低了维护成本和生产风险，对于提升生产效率和保障设备安全运行具有重要意义。自诊断功能通过内置的故障检测算法实现对设备状态的实时监测，一旦检测到异常即时生成警报或故障代码，大大缩短了故障诊断的时间，提高了设备的可靠性和稳定性。这种功能对于现代电气控制系统的安全运行和高效生产具有重要意义，为设备管理和维护提供了有力支持。

（四）使用故障诊断工具

故障诊断工具是一些特殊设备或软件，可以帮助诊断电气控制系统的故障。这些工具的使用对于及时准确地发现和解决电气系统故障至关重要。例如，故障代码读取器可以连接到控制器，读取系统中的故障代码，以帮助确定故障的类型和位置。故障模拟器则可以用于模拟各种故障情况，以测试系统的响应和性能。

故障代码读取器是一种常见的故障诊断工具，特别适用于现代电气控制系统。它可以连接到控制器或者电气设备上，读取系统中存储的故障代码和报警信息。这些故障代码通常记录了系统运行过程中的各种异常情况，如传感器故障、通信故障、执行器故障等。通过读取故障代码，操作人员可以快速确定故障的类型和位置，有针对性地进行故障排查和修复，提高了故障诊断的效率和准确性。故障模拟器是另一种常用的故障诊断工具，可以帮助测试系统在不同故障情况下的响应和性能。故障模拟器可以模拟各种常见的故障情况，如电压波动、电流过载、传感器失效等，以评估系统对于这些故障的识别和处理能力。通过使用故障模拟器，操作人员可以在不影响实际生产的情况下进行系统性能测试，发现潜在的故障风险，优化系统的配置和参数设置，提高了系统的可靠性和稳定性。除了故障代码读取器和故障模拟器外，还有其他一些故障诊断工具可以帮助发现电气控制系统的问题。例如，故障定位仪器可以用于定位电缆或线路中的故障点，红外热像仪可以用于检测设备运行过程中的热量异常，震动传感器可以用于监测设备的振动情况等。这些工具的综合应用可以帮助提高电气控制系统的故障诊断能力，保障设备的安全运行和生产效率。故障诊断工具在电气控制系统维护和故障排查中起着至关重要的作用。故障代码读取器和故障模拟器是常见的故障诊断工具，可以帮助确定故障类型和位置，评估系统的性能和响应能力。除此之外，还有其他一些故障诊断工具可以帮助发现电气控制系统的问题，提高设备的可靠性和稳定性。

四、电机控制系统中的故障排除策略

在电机控制系统中，故障排除策略是确保电机正常运行和提高系统效率的关键。确认电机接收到稳定的电源供应。检查电源线路、电源开关以及保险丝，确保它们没有短路或断路。仔细检查电机的连接，包括电源连接、控制信号连接和地线连接。松动的连接可能导致信号丢失或电阻增加，影响电机的正常运行。如果系统中使用了传感器来监测电机的状态或位置，请检查传感器的连接和运行状态。清洁传感器并确保其安装正确。检查电机控制器或驱动器的状态。查看控制器面板上的指示灯，以了解是否存在故障代码或警报。检查控制器的连接并确保其与电机和其他组件配合良好。许多现代电机控制系统配备了内置的诊断功能。运行诊断程序，查找故障代码并解决问题。根据诊断结果采取适当的修复措施。故障可能不仅限于电气部件，还可能涉及机械部件。检查电机轴承、齿轮和传动系统，确保它们没有损坏或过度磨损。如果系统中使用了可编程控制器（PLC）或类似的设备，请检查软件设置和参数。确保设置与电机规格和应用要求相匹配。进行实地测试以验证电机控制系统的运行情况。测试电机的各种工作模式，并观察其响应。根据测试结果调整系统设置或进行修复。可以有效地识别和排除电机控制系统中的故障，确保其正常运行并最大限度地提高效率。

第三节　系统恢复与重启

一、系统恢复

电机控制系统中的系统恢复是指在系统发生故障或异常情况后，通过一系列的措施和方法，使系统重新回到正常工作状态的过程。这一过程至关重要，因为电机控制系统在工业生产和自动化领域中扮演着至关重要的角色，一旦发生故障，可能导致生产中断和损失。因此，系统恢复的效率和可靠性对于确保生产的连续性和稳定性至关重要。

系统恢复的关键是对故障进行及时准确的诊断。通过监测系统的各种参数，如电流、电压、温度等，可以及时发现异常情况。此外，引入智能诊断技术，如人工智能和机器学习算法，可以帮助系统自动识别和定位故障，缩短故障排除时间，提高恢复效率。针对不同类型的故障，需要采取相应的措施进行恢复。例如，对于电机过载或过热的情况，可以通过降低负载、增加散热措施等方式进行恢复；对于电机断路或短路的情况，需要检修电机并修复电路连接；对于控制系统软件故障，可以通过重新启动或更新软件等方式解决。因此，针对不同的故障情况制定恢复方案是确保系统恢复的关键。系统恢复过程中需要注意安全性和稳定性。在进行恢复操作时，需要确保不会对系统和设备造成进一步损坏，同时要考虑到人员的安全。因此，可以采取逐步恢复、备份恢复等安全措施，确保恢复过程平稳进行。系统恢复后需要进行测试和验证，确保系统恢复到预期的正常工作状态。通过对系统功能和性能的测试，可以验证恢复效果，并及时调整优化。同时，还可以总结故障原因和恢复过程，为今后类似故障的处理提供经验和参考。电机控制系统中的系统恢复是一个复杂而关键的过程，需要及时准确的诊断、针对性的恢复措施、安全稳定的操作以及有效的测试验证。只有这样，才能确保系统在面临故障时能够快速有效地恢复到正常工作状态，保障生产的连续性和稳定性。

二、系统重启

电机控制系统中的系统重启是在系统遇到故障、异常或需要进行系统更新时执行的关键操作。系统重启的目的是通过重新启动系统来恢复其正常运行状态，以确保生产或工业过程的连续性和稳定性。

系统重启通常是在发生故障或异常情况时的一项首要措施。当系统出现错误、死机或性能下降时，重启是一种快速有效的解决方案。通过重启，系统可以重新初始化各种组件和子系统，消除潜在的内部错误，并重新建立各种连接和通信，从而恢复到正常的工作状态。系统重启的过程需要经过精心规划和准备。在执行重启之前，需要确保所有的操作都已经完成或者已经保存，以防止数据丢失或操作中断。此外，还需要对系统进行全面的检查和诊断，以确定重启是否能够解决当前的问题，或者是否需要进一步的调整或维护。系统重启的方式和方法取决于具体的系统架构和应用场景。对于一些简单的电机控制系统，可能只需要执行软件重启或者断电重启即可。而对于更复杂的系统，可能需要采取更加谨慎和复杂的重启流程，涉及到多个子系统的启停顺序和协调。在进行系统重启时，需要特别注意系统的安全性和稳定性。在执行重启之前，必须确保所有的安全措施已经采取，并且重启过程不会对系统和环境造成损害或风险。同时，还需要考虑到生产和工业过程的连续性，尽量在合适的时机和条件下执行重启，以最小化生产中断和影响。系统重启后需要进行测试和验证，以确保系统已经恢复到正常的工作状态。通过对系统功能、性能和稳定性的测试，可以评估重启效果，并及时调整优化。同时，还可以总结重启过程中的经验教训，为未来的系统维护和管理提供参考和借鉴。电机控制系统中的系统重启是一项重要而必要的操作，可以帮助系统快速有效地恢复到正常的工作状态，确保生产和工业过程的连续性和稳定性。然而，重启过程需要谨慎规划和执行，以确保安全性和稳定性，并通过测试和验证来确认重启效果。

第四节　故障预防与改进

一、电气控制系统中的故障诊断技术

（一）实验检测法

当常规的检查方法不能寻找到故障部位或者无法查明故障原因时，可以采用实验检测法进行诊断。实验检测法实质上是更加深入地检查电气线路，通常需要结合通电实验排除故障部位。在此过程中值得注意的是，在开展实验前要检查电气设备和机械设备，确保其不存在故障，并避免事故的进一步扩大。

开展实验检测前，必须对电气设备和机械设备进行仔细检查，确保其运行状态良好。这包括检查电气线路、传动装置、机械部件等，以排除任何已知的故障或异常情况。此外，确保在实验过程中使用的所有工具和设备都处于良好状态，并符合安全标准，以确保操作人员和设备的安全。在开展实验检测时，需要将调节器的开关调至初始位置，并确保工作人员了解和熟悉电气线路的布局和连接方式。如果可能，应将传动机与电动机分开，以便更好地检查和诊断。如果无法分开传动机与电动机，则需要切断主线路，确保工作环境安全。在实验检测的过程中，工作人员应根据实际状况对其他线路进行切断，通过排除法逐步缩小故障范围，以便更加迅速地找出故障部位。这可能涉及对不同线路进行逐一检查，以确定是否存在短路、接触不良或其他故障现象。通过系统的排查和分析，可以逐步缩小故障范围，并逐步接近故障的根源。实验检测过程中，操作人员应严格按照操作规程和安全标准进行操作，避免因操作失误或疏忽导致意外事故的发生。同时，实验检测的结果应及时记录和分析，以便对故障部位和原因进行准确的诊断，并采取相应的修复措施。实验检测法是一种用于诊断电气控制系统故障的有效方法，通过更加深入地检查电气线路，并结合通电实验排除故障部位。在开展实验检测前，必须确保设备运行状态良好，操作人员了解电气线路的布局和连接方式，并严格遵守操作规程和安全标准，以确保操作的安全性和有效性。

（二）红外热像故障诊断技术

在设备运行过程中，如果发现其表面存在温差，这可能表明其内部电路存在故障。为了准确诊断故障并及时采取修复措施，可以采用红外热像故障诊断技术。通过测量线路的温差变化，可以较准确地判断故障类型和位置。

在高压电气设备中，如果线路存在故障，将会导致生产过程停滞，而处于故障范围内的线路往往会出现温度上升的情况。这是因为故障会导致电流过大或阻抗增加，从而引发线路过热。红外热像仪可以检测到这种温度变化，通过捕捉红外光谱中的热辐射，将其转化为图像显示出来，直观地展示出设备表面的温度分布情况。当设备由于故障超出限定温度时，其中的热能将会转变成为辐射能，这种能量转化过程就是红外热像故障诊断技术的基础。通过红外热像仪拍摄设备表面的热像图，可以清晰地观察到温度异常的部位，从而判断故障发生的位置。红外热像故障诊断技术的优势在于能够检测到设备内部隐蔽的故障，对于那些无法直接观察到的线路故障尤其有效。相比传统的温度测量仪器，红外热像仪不需要接触被测对象，能够在较远的距离上进行检测，同时具有高效快速、非接触性等特点，极大地提高了故障诊断的效率和准确性。红外热像故障诊断技术是一种非常有效的电气设备故障诊断方法，能够通过测量设备表面的温度分布情况来判断内部电路的故障位置。这种技术的应用可以快速准确地诊断出设备的故障，并及时采取修复措施，保障设备的安全运行和生产效率。

（三）直接调查法

直接调查法是一种直接观察和检查电气设备以确定故障类型和范围的方法。这种方法对于快速准确地判断系统故障具有直接性和实用性。工作人员通过直接检查设备的外观、连接和运行状态，能够迅速获取关于故障的重要信息，从而缩短维修时间，使电气设备更快地投入运行。

直接调查法的优势在于其直观性和实用性。工作人员可以直接观察设备的外观和运行状态，检查设备是否存在明显的损坏、松动或异常现象。通过目视检查，可以迅速确定故障的类型，如短路、断路、接触不良等，并掌握故障发生的范围，有助于快速定位问题并进行修复。直接调查法能够快速获取关于故障的重要信息，有助于更准确地分析故障原因。工作人员通过检查设备的外观、连接和运行状态，可以获取大量有关故障的信息，如设备是否受潮、是否存在烧焦痕迹、是否有松动的连接等。这些信息有助于工作人员更全面地了解故障的原因，从而采取针对性的修复措施，提高了维修的效率和准确性。直接调查法可以帮助工作人员及时发现潜在的安全隐患，避免因故障而导致更严重的事故发生。通过直接检查设备，工作人员可以发现一些潜在的安全隐患，如电缆断裂、接头松动等，及时进行修复和处理，确保设备的安全运行。直接调查法是判断系统故障最直接、实用的方法之一。通过直接观察和检查设备，工作人员能够快速了解故障的类型和范围，更准确地分析出故障的原因，从而缩短维修时间，使电气设备更快速地恢复正常运行。

1. 详细询问

详细询问是一种重要的故障诊断方法，可以通过与现场操作人员交流了解设备在发生故障前、故障时以及故障后的情况，从而获取关键信息，帮助确定故障原因和部位，提高故障诊断的效率。

在故障诊断过程中，参与检测诊断的工作人员可以向现场的操作人员详细询问相关情况。他们可以询问设备在故障发生前的运行状态，包括是否存在异常噪音、振动或温度升高等现象。了解故障时设备的表现形式，例如是否有冒烟、发出异常声音或出现明火等情况，有助于判断故障的性质和严重程度。工作人员可以询问设备在故障发生后的表现，包括是否出现停机、是否有人为操作等情况。通过了解设备故障后的表现，可以推测出故障的可能原因，如是否是由于过载启动或停机引起的故障。故障诊断人员还可以询问设备的维护记录，了解设备是否曾经更换过电气部件或进行过维修。这些信息有助于确定设备的维护历史和可能存在的潜在问题，为故障诊断提供重要线索。通过详细询问，故障诊断人员可以收集到大量关于故障情况的信息，包括故障发生的时间、条件和环境等方面的细节。这些信息对于判断故障的原因和部位具有重要意义，有助于提高故障诊断的准确性和效率。详细询问是一种重要的故障诊断方法，通过与现场操作人员交流了解设备的运行情况和故障表现，可以为确定故障原因和部位提供重要线索，提高故障诊断的效率和准确性。

2. 直接观察

直接观察是故障诊断过程中一种直接有效的方法，通过观察故障部位的外观和线路连接情况，可以快速发现问题，并为故障的诊断提供重要线索。故障诊断人员可以直接观察故障部位的外观变化。这包括观察设备表面是否有明显的损坏、破裂或烧焦现象，是否有漏油、漏水等液体迹象。例如，在电缆连接处是否有烧焦痕迹或变色，这可能表明存在电流过大引发的故障，或者设备部件烧毁导致的故障等。通过观察外观变化，可以初步推断故障的性质和严重程度。故障诊断人员可以观察线路连接情况。他们可以检查电缆、插头、插座等连接部件是否牢固，是否存在松动或接触不良的情况。此外，观察线路是否存在短路、接地或导线断裂等问题，这些问题可能导致电气设备的异常运行或停机。通过观察线路连接情况，可以初步确定故障的位置和类型。故障诊断人员还可以观察设备的工作状态。他们可以检查设备是否正常运行，是否存在异常噪音、振动或过热等现象。例如，通过观察电机的转动是否平稳，可以初步判断电机是否存在故障。通过观察设备的工作状态，可以帮助确定故障的原因和严重程度。通过直接观察，故障诊断人员可以快速了解故障部位的情况，获取关键信息，为故障的诊断提供重要线索。然而，需要注意的是，直接观察只能提供初步的判断，有时需要结合其他故障诊断方法进行进一步确认和分析，以确保诊断结果的准确性和可靠性。直接观察是一种直接有效的故障诊断方法，通过观察故障部位的外观和线路连接情况，可以快速发现问题，并为故障的诊断提供重要线索，有助于提高故障诊断的效率和准确性。

（四）通过气味检查

通过气味是一种常用的故障诊断方法之一，特别适用于线路出现短路等情况导致线路表面发生烧毁的情况。故障诊断人员可以通过嗅觉来感知线路发出的特殊气味，从而初步判断故障类型和故障部位。

当线路出现短路时，由于电流过大会导致线路或接触点处发生局部过热，引发绝缘材料烧毁，释放出烧焦或焦油等特殊气味。这种气味通常具有较强的特征性，类似于焦糊或烧焦的味道。通过嗅觉感知这种特殊气味，可以初步判断线路存在短路故障，并且可以大致确定短路发生的位置。根据气味的浓度和强度，可以初步判断故障的严重程度。如果气味较浓且强烈，表明短路故障可能比较严重，可能已经导致线路表面的绝缘材料严重烧毁，甚至可能引发火灾等严重后果。而如果气味较轻或难以察觉，可能表明短路故障程度较轻，对线路的损坏也相对较小。通过气味还可以初步判断故障发生的原因。例如，如果气味带有焦油味，可能说明线路绝缘材料受热烧毁的同时还产生了焦油，这可能是由于长期过载或短路引起的。如果气味带有化学气味，可能说明线路的绝缘材料受到了化学物质的侵蚀或污染，导致烧毁。通过气味只能提供初步的判断，可能存在误判的情况，因此还需要结合其他故障诊断方法进行进一步确认和分析。此外，在进行气味诊断时，故障诊断人员也需要注意保护好自己的嗅觉器官，避免接触到有害气体或有毒物质，确保安全。通过气味是一种简便直观的故障诊断方法，在线路出现短路等情况时特别适用。通过嗅觉感知线路发出的特殊气味，可以初步判断故障类型、严重程度和可能的原因，为后续的故障修复提供重要参考。

（五）对线路进行检查

对线路进行检查是一种常用的故障诊断方法，通过触摸线路来感知是否存在发热现象，从而初步确定故障的范围和位置。故障诊断人员在接触线路前，必须确保电源已经关闭，以避免触电等安全风险。在确保安全的前提下，他们可以开始对线路进行检查。故障诊断人员可以用手轻轻触摸线路，寻找是否存在发热部位。当线路发生故障导致局部过载或短路时，会产生大量的热量，导致线路表面发热。通过触摸线路，故障诊断人员可以感知到发热部位的温度升高，从而初步确定故障的范围和位置。故障诊断人员还可以观察线路表面是否有明显的变形、变色或烧焦痕迹。当线路发生故障时，可能会导致线路表面的绝缘材料烧毁或熔化，产生明显的变化。通过观察线路表面的状态，也可以帮助确定故障的范围和位置。触摸线路时要小心谨慎，避免直接用手接触带电线路，以免触电或烫伤。可以使用绝缘手套或工具来触摸线路，确保安全。通过对线路进行检查，故障诊断人员可以通过触摸线路来感知是否存在发热现象，从而初步确定故障的范围和位置。这种方法简单直观，能够快速帮助诊断人员定位故障，并为后续的故障修复提供重要参考。

二、故障改进策略

（一）定期维护

定期维护是确保电气控制系统稳定运行和预防故障的关键措施之一。通过定期的设备检查和维护，可以有效地发现和解决潜在问题，保障系统的可靠性和安全性。

定期维护可以及早发现潜在问题。通过定期检查设备，可以发现电线连接是否紧固、电子元件是否老化等问题，从而及时进行修复或更换。这有助于防止潜在故障进一步恶化，保障系统的稳定运行。定期维护有助于延长设备的使用寿命。定期清洁设备表面可以防止灰尘和污垢的堆积，减少设备的磨损和腐蚀。定期更换老化部件可以确保设备的性能和可靠性，延长设备的使用寿命，降低维修成本。定期维护可以提高系统的安全性。定期检查电线连接是否松动或破损，可以减少电路断路或短路的风险，防止火灾或其他安全事故的发生。定期维护还可以确保设备的运行符合安全标准和规定，提高系统的安全性和稳定性。定期维护计划应该根据历史维护数据和设备使用情况来制定。可以根据设备的使用频率、工作环境和重要程度制定不同的维护周期和维护内容。对于关键设备，可以采取更频繁的维护措施，以确保其稳定可靠运行。维护计划应该明确具体的维护内容、责任人和时间安排，确保维护工作的时效性和有效性。定期维护是确保电气控制系统稳定运行和预防故障的关键措施。通过定期检查设备、清洁设备、紧固电线连接、更换老化部件等维护工作，可以及早发现和修复潜在问题，延长设备的使用寿命，提高系统的安全性和稳定性。定期维护计划应该根据具体情况制定，确保维护工作的时效性和有效性。

（二）环境管理

维护适宜的环境条件对于电气控制系统的稳定性和可靠性至关重要。在恶劣的环境条件下，例如高温、高湿度、尘埃或化学物质的存在，电气元件可能会受到损害，电路短路的风险也会增加。因此，实施有效的环境管理策略对于确保电气控制系统的正常运行至关重要。

适当的设备安装是环境管理的重要一环。在安装电气设备时，应该考虑设备的工作环境和周围条件，选择合适的安装位置和方法，以减少外部环境对设备的影响。例如，避免将设备安装在高温或高湿度的环境中，以及远离化学品或尘埃较多的区域。环境监测是确保电气控制系统稳定性的重要手段之一。通过监测环境参数如温度、湿度和尘埃含量，可以及时了解设备周围环境的变化情况，从而采取相应的措施来控制这些因素。例如，安装温湿度传感器和尘埃监测设备，定期监测环境参数，并将监测数据上传至监控系统进行实时监测和分析。采取适当的措施来控制环境因素，以减少故障的风险。例如，在高温环境中可以采取降温措施，如安装风扇或空调设备，以确保设备工作温度在安全范围内。在高湿度环境中可以加强通风和除湿措施，避免湿气对设备的腐蚀和损坏。另外，在尘埃或化学物质较多的环境中，可以采取密封措施或安装防尘设备，以防止尘埃或化学物质进入设备内部，引发故障。维护适宜的环境条件对于电气控制系统的稳定性和可靠性至关重要。通过适当的设备安装、环境监测和控制环境因素，可以减少环境对电气控制系统的影响，降低故障的风险，确保系统的正常运行。因此，制定和执行有效的环境管理策略对于保障电气控制系统的稳定运行具有重要意义。

（三）培训与技能提升

操作人员和维护人员的培训和技能提升对于预防故障和确保设备正常运行至关重要。他们需要具备正确的设备操作和维护知识，以确保设备能够安全、高效地运行。以下是培训和技能提升的重要性及实施方法：

操作人员的培训对于预防误操作和不当使用导致的故障至关重要。操作人员需要了解设备的工作原理、操作流程和安全规范，以及应对常见故障的应急处理方法。培训课程应该覆盖设备的基本知识、操作技能、安全意识等内容，并通过实际操作和案例分析等方式进行培训，确保操作人员能够熟练掌握设备操作技能，提高操作的准确性和安全性。维护人员需要具备识别和修复故障的技能。他们需要了解设备的结构和工作原理，能够快速准确地识别故障原因，并采取相应的维修措施进行修复。维护人员的培训课程应该包括故障诊断、维修技术、安全操作规程等内容，通过理论学习和实际操作相结合的方式进行培训，提高维护人员的技能水平和维修效率。针对操作人员和维护人员的培训课程可以根据设备类型和复杂性进行定制。针对不同类型的设备，培训内容可以有所调整，确保培训内容与实际工作密切相关，具有针对性和实用性。培训课程可以由设备制造商、行业协会或专业培训机构提供，也可以由企业内部的培训部门组织和实施。无论是内部培训还是外部培训，都应该注重培训的实效性和持续性，定期进行培训评估和技能测试，及时更新培训内容，确保人员的知识和技能得到不断提升和更新。操作人员和维护人员的培训和技能提升对于预防故障和确保设备正常运行至关重要。通过针对性的培训课程，使操作人员和维护人员掌握必要的知识和技能，能够正确操作设备、识别故障并及时进行维修，从而提高设备的可靠性和安全性，降低故障发生的风险，保障生产的顺利进行。

（四）备用件存储

备份关键零部件和备件是一项常用的预防策略，特别适用于电气控制系统等关键设备。备件存储涵盖了维护备用电子元件、传感器、控制器和其他关键部件，以备在需要时迅速更换。这种做法可以大大减少维修停机时间，确保设备快速恢复正常运行，从而降低生产中断的风险。

备份关键零部件和备件能够提高设备的可用性和可靠性。在设备出现故障或部件损坏时，如果有备用零部件或备件可用，维修人员可以迅速进行更换，减少了等待备件采购和运送的时间，从而缩短了维修停机时间，使设备尽快恢复运行。备件存储能够提高维修工作的效率。有了备用零部件或备件的储备，维修人员无需等待备件的到货，可以立即开始维修工作。这样可以节省大量的时间，特别是对于那些对生产线停机时间要求严格的行业，如制造业和生产领域。备份关键零部件和备件还能够减少维修过程中的不确定性。有备用零部件或备件可用意味着维修人员可以更好地控制维修过程，不会因为等待备件而产生不必要的延误或不确定性。这有助于提高维修工作的可控性和可预测性，确保维修过程顺利进行。在选择备件时，应该基于设备的关键性和部件的寿命预测进行合理选择。对于那些易损部件或者寿命较短的关键部件，应该优先备份。此外，还应该考虑备件的储存条件和有效期限，确保备件在需要时能够保持良好的状态和性能。备份关键零部件和备件是一项非常有效的预防策略，能够提高设备的可用性、维修效率和维修工作的可控性，降低生产中断的风险，确保生产的连续性和稳定性。因此，在设备管理和维护过程中，应该重视备件存储工作，合理选择备件，确保备件的及时供应和有效使用。

（五）远程监测和控制

利用远程监测技术对设备进行实时监测和远程控制是一种高效的手段，能够提高设备的运行效率、降低故障风险，并适应不同的工作条件。远程监测技术通过远程连接和传感器数据传输，实时监测设备的运行状态。传感器可以收集各种参数数据，如温度、压力、电流等，将数据传输至远程监测系统。监测系统对这些数据进行分析和处理，可以及时发现设备的异常状态或潜在问题。例如，当设备温度异常升高或电流突然增大时，远程监测系统可以立即发出警报，提醒操作人员注意并采取相应的措施，从而及时防止设备故障的发生，减少生产线停机时间。远程控制功能可以实现远程调整设备操作参数以适应不同的工作条件。通过远程监测系统，操作人员可以远程访问设备的控制界面，对设备进行调节和控制。例如，可以远程调整设备的运行速度、加工参数或工作模式，以适应生产需求的变化或特定的工作环境。这种灵活的远程控制功能可以帮助企业更加高效地管理设备和生产过程，提高生产效率和产品质量。远程监测技术还可以实现对设备的远程诊断和维护。当设备出现故障时，远程监测系统可以通过远程连接对设备进行诊断，分析故障原因，并给出相应的维修建议。有些故障甚至可以通过远程控制系统进行远程修复，减少了维修人员到现场的时间和成本，提高了维修效率。利用远程监测技术实现设备的实时监测和远程控制是一种高效的手段，能够帮助企业及时发现和预防设备故障，提高设备的运行效率和生产线的稳定性。随着远程监测技术的不断发展和应用，相信其在工业生产领域的应用将会越来越广泛，为企业的生产管理带来更多的便利和效益。

第七章　电气控制方式的应用

第一节　工业自动化

一、电气自动化控制工业应用的发展现状

工业电气自动化的应用对于现代工业的发展具有重要的推动作用。通过工业电气自动化技术，可以有效地节约资源、降低生产成本，为我国带来更大的经济效益和社会效益。此外，工业电气自动化技术的应用还能够有效提升我国电气化技术的使用水平，缩短我国在工业电气自动化方面与国外发达国家之间的差距，促进我国国民经济的快速发展。在工业电气自动化领域，许多 PLC 厂商都依照可编程控制器的国际标准 C61131，推出了符合该标准的产品和软件。这些产品和软件在工业生产中的应用为工业领域注入了新的活力。通过现场总线控制系统连接自动化系统和智能设备，解决了系统之间的信息传递问题，对工业生产具有重大的意义。现场总线控制系统相比其他控制系统具有智能化、互用性、开放性、数字化等优势和特点，已经被广泛应用于生产的各个层面，成为工业生产自动化的主要方向。智能化是现场总线控制系统的重要特点之一。通过智能化的设备和系统，可以实现对生产过程的智能监控、调控和管理，提高生产效率和产品质量。互用性是现场总线控制系统的另一个重要特点，不同厂商的设备和系统可以通过相同的总线接口进行连接和通信，实现设备之间的互联互通，提高系统的整体效率和灵活性。开放性是现场总线控制系统的又一个重要特点，它可以实现与其他控制系统和软件的无缝对接和集成，为企业提供了更广阔的发展空间和机遇。数字化是现场总线控制系统的基本特点，通过数字化的信号和数据传输，可以实现对生产过程的精确监测和控制，提高生产的精度和稳定性。

图 14　工业自动化

工业电气自动化技术的应用对于现代工业的发展具有重要的推动作用。现场总线控制系统作为工业电气自动化的主要技术手段之一，已经成为工业生产自动化的主要方向，为工业生产的智能化、高效化、数字化提供了重要支撑和保障。

（一）电气自动化的快速发展

科技的不断发展推动了电气自动化的快速发展，使得电气自动化被广泛应用于工业生产中。各类自动化机械正逐步替代人工进行工作，或是完成一些由于环境危险而人工无法完成的工作，有效节约了生产成本和时间，提升了工作效率，为企业带来了更大的经济效益。同时，工业电气自动化技术也被广泛应用于人们的日常活动中。为了培养更多电气自动化人才，我国很多高校都开设了电气自动化专业。

我国的电气自动化专业最早出现于 20 世纪 50 年代，经过半个多世纪的发展，取得了显著的成就。电气自动化专业具有专业面宽、适用性广的特点，在国家几次大规模调整中仍然保持蓬勃的发展前景。近年来，随着电子科技的不断发展，推动了工业电气自动化技术在各个工业生产领域和人们日常活动中的应用，并取得了显著成效。在工业电气自动化的发展历程中，信息技术的快速发展起着关键作用。信息技术的不断进步直接决定了工业电气自动化的发展，并为其提供了基础。同时，大规模的集成电路为工业电气自动化的应用提供了设备依赖，使物理科学固体电子学对工业电气自动化的发展产生了重要影响。科技的持续发展为工业电气自动化技术的应用提供了强大动力，使其在工业生产和日常生活中发挥着越来越重要的作用。随着时代的变迁和科技的进步，电气自动化将继续迎来更广阔的发展空间和更深远的影响，为实现工业现代化和提升人民生活水平做出更大的贡献。

（二）电气自动化控制工业具体应用

随着时代的发展，工业电气自动化推动了现代工业的发展，提升了我国电气自动化技术的水平，增强了我国工业实力。国家标准 EC61131 的颁布为 PLC 设计厂商提供了可编程控制器的参考，为工业电气自动化技术的应用增添了新的活力。这些技术的应用使得现代工业能够更高效地运作，降低生产成本，提高产品质量，从而推动了我国工业的快速发展。一方面，现场总线控制系统与智能设备、自动化系统的连接解决了各个系统之间信息传递存在的问题，对工业生产具有重要影响。通过现场总线控制系统，不同的设备和系统可以实现互联互通，实现数据共享和交换，从而提高了生产的协调性和灵活性。例如，在数字化、开放性、互用性、智能化等方面的发展方向下，现场总线控制系统在工业生产中得到了广泛应用，为生产活动的各个层面提供了技术支持和解决方案。另一方面，现场总线控制系统的建立为设备与化工厂之间的信息交流提供了便利。通过现场总线控制系统，设备与化工厂之间的信息交流得到了加强，使得生产过程更加智能化、数字化和自动化。同时，现场总线控制系统还可以根据具体的生产工作需求，建立不同的信息交流平台，为不同类型的生产活动提供定制化的解决方案，进一步提高了生产效率和产品质量。现场总线控制系统在工业电气自动化技术的应用中发挥着重要作用，为现代工业的发展提供了技术支持和解决方案。随着技术的不断进步和应用的不断深化，现场总线控制系统将继续发挥着重要的作用，推动我国工业的持续发展和进步。

二、电气自动化控制工业应用发展策略

（一）统一电气自动化控制系统标准

电气自动化工业控制体系的健全和完善与拥有有效对接服务的标准化系统程序接口是密不可分的。在电气自动化的实际应用过程中，依据相关技术标准规范、计算机现代化科学技术等，推动电气自动化工业控制体系的健康发展和科学运行，对于提升

工业生产效率、降低成本、简化操作流程具有重要意义。

标准化系统程序接口是实现电气自动化工业控制体系健全的基础。通过标准化的系统程序接口，不同的设备和系统能够实现互联互通，实现数据共享和交换，提高了生产的协调性和灵活性。这为工业控制体系的运行提供了便利，使其更加高效稳定。依据相关技术标准规范推动电气自动化工业控制体系的健康发展和科学运行。技术标准规范的制定和执行，能够统一各方的操作流程和标准，减少因为不同标准而导致的不必要的混乱和错误，从而提高了工业控制体系的稳定性和可靠性。利用计算机现代化科学技术推动电气自动化工业控制体系的发展。计算机技术的应用使得电气自动化系统更加智能化、数字化和自动化，能够更加精确地监控和控制生产过程，提高了生产效率和产品质量。通过以上措施，不仅能够节约工业生产成本、降低电气自动化运行的时间、减少工业生产过程中相关工作人员的工作量，还能够简化电气自动化在工业运行中的程序，实现生产各部之间数据传输、信息交流、信息共享的畅通。这对于提升工业生产效率、降低成本、提高产品质量具有重要意义，促进了工业电气自动化技术的健康发展和科学应用。

（二）架构科学的网络体系

架构科学的网络体系对于推动电气自动化控制工业的健康化、现代化和规范化发展起着至关重要的作用，能够发挥积极的辅助作用，实现现场系统设备的良好运行，并促进计算机监控体系与企业管理体系之间交叉数据、信息的高效传递。同时，企业管理层借助网络控制技术实现对现场系统设备操作情况的实时监控，从而提高企业管理效能。随着计算机网络技术的发展，建立科学的网络体系不仅是必要的，还要建立数据处理编辑平台，营造工业生产管理安全防护系统环境，因此，完善电气自动化控制工业体系，发挥电气自动化的综合运行效益。

科学的网络体系对于电气自动化控制工业的发展至关重要。首先，它有利于推动工业的健康化、现代化和规范化发展。通过建立科学的网络体系，可以实现系统设备之间的有效连接和数据交换，促进生产过程的自动化和数字化，提高生产效率和产品质量，从而推动整个工业的现代化发展。此外，科学的网络体系还能够规范工业生产过程，确保生产运行的稳定性和可靠性。科学的网络体系可以实现现场系统设备的良好运行。通过网络体系的搭建，可以对现场设备进行远程监控、诊断和维护，及时发现和解决设备故障，保障生产的连续性和稳定性。这有助于降低生产中断和维修成本，提高设备的利用率和生产效率。科学的网络体系还能促进计算机监控体系与企业管理体系之间交叉数据、信息的高效传递。通过网络体系，可以实现监控数据的实时传输和共享，为企业管理层提供及时、准确的生产信息，支持决策制定和生产调度，提高企业管理效率和决策水平。随着计算机网络技术的不断发展，建立科学的网络体系还可以建立数据处理编辑平台，营造工业生产管理安全防护系统环境。通过网络体系，可以实现数据的集中管理和处理，确保数据的安全性和完整性，防止数据泄露和篡改，保障工业生产和信息安全。建立科学的网络体系对于推动电气自动化控制工业的发展具有重要意义。它不仅能够促进工业的健康、现代和规范化发展，还能够实现现场系统设备的良好运行，促进计算机监控体系与企业管理体系之间的高效交流，从而发挥电气自动化的综合运行效益。

（三）完善电气自动化系统工业应用平台

完善电气自动化系统工业应用平台需要建立健康、开发、标准化、统一的应用平台，这对电气自动化控制体系的规范化设计和服务应用具有重要作用和影响。良好的电气自动化系统工业应用平台能够为电气自动化控制工业项目的应用和操作提供支撑保障，并发挥积极的辅助作用。在系统运行的各项工作环节中，有效地缓解工业生产中电气自动化设备的实践、应用所消耗的经济成本，同时还可以提升电气设备的服务效能和综合应用率，满足用户的个性化需求，实现独特的运行系统目标。在实际应用中，可以根据工业项目工程的客户目标、现实状况、实际需求等制定运行代码，并借助计算机系统中的 CE 核心系统、操作系统中的 NT 模式软件实现目标化操作。这样的操作模式可以有效地提高系统的可控性和可靠性，降低人为因素对系统运行的干扰，保障工业生产的连续性和稳定性。健康、开发、标准化、统一的应用平台还能够促进电气自动化系统的创新和发展。通过建立标准化的应用平台，可以实现不同厂家、不同设备之间的互操作性，推动电气自动化技术的普及和应用。同时，统一的应用平台也能够为电气自动化系统的维护和管理提供便利，降低管理成本，提高系统的可维护性和可管理性。建立健康、开发、标准化、统一的电气自动化系统工业应用平台对于推动电气自动化控制工业的发展具有重要意义。它能够提高系统的运行效率和稳定性，降低生产成本，促进电气自动化技术的创新和应用，实现工业生产的可持续发展。

三、工业电气自动化控制技术的意义与前景

工业电气自动化控制技术在当今社会的意义和前景是巨大而重要的。随着科技的不断发展，电气自动化控制技术已经成为现代工业的核心驱动力之一，工业电气自动化控制技术的意义在于提高生产效率和质量。通过自动化控制技术，工厂可以实现生产过程的自动化和数字化，减少人为干预，提高生产效率和产品质量。自动化控制系统可以实现精确的控制和调节，使得生产过程更加稳定和可靠，从而降低了生产成本，提高了企业的竞争力。工业电气自动化控制技术的意义在于提高生产安全性和环境友好性。自动化控制系统可以实现对生产过程的实时监控和远程操作，及时发现和处理生产中的异常情况，保障生产设备和员工的安全。同时，自动化控制技术还可以实现对能源的有效利用和环境的保护，减少资源的浪费和污染的排放，促进可持续发展。工业电气自动化控制技术的意义在于推动工业转型升级和智能制造。随着信息技术的发展，工业电气自动化控制技术已经与互联网、大数据、人工智能等技术相结合，形成了智能制造的新模式。通过智能化的自动化控制系统，工厂可以实现生产过程的智能化和个性化定制，提高生产的灵活性和适应性，加快产品的研发和上市速度，促进产业升级和创新发展。工业电气自动化控制技术的前景非常广阔。随着新一代信息技术的不断涌现，工业电气自动化控制技术将不断创新和进步，向着更加智能化、数字化、网络化和集成化的方向发展。未来，工业电气自动化控制技术将在智能制造、工业互联网、物联网等领域发挥越来越重要的作用，成为推动工业发展和经济增长的关键技术之一。工业电气自动化控制技术的意义和前景是十分广泛和重要的。它不仅可以提高生产效率和质量，保障生产安全和环境友好，推动工业转型升级和智能制造，而且还具有广阔的发展前景和应用空间，将为工业发展和社会进步带来更多的机遇和挑战。

四、工业电气自动化技术的应用

（一）工业电气自动化技术的应用现状

在互联网信息技术的推动下，工业电气自动化技术正经历着深刻的变革和发展。

现有的工业电气自动化技术已经将计算机网络技术、多媒体技术等信息技术作为核心，结合人工智能技术，推动工业电气系统的实时监测、诊断和全面有序控制，逐步实现了工业电气系统的管理优化和完善。工业电气系统的故障实时监测和诊断是工业电气自动化技术的重要应用之一。通过结合信息技术和人工智能技术，工业电气系统可以实现对设备状态的实时监测和故障诊断，及时发现和解决潜在问题，提高生产设备的可靠性和稳定性，降低生产成本，保障生产安全。工业电气自动化技术还依托于工业电气仿真模拟系统的实现。这种系统可以辅助相关工作人员进行工业电气数据的事前勘测和预测，为工程设计、生产调度和设备维护提供科学依据和决策支持。通过仿真模拟系统，工程师可以在虚拟环境中进行实验和测试，减少实际操作中的风险和成本，提高工作效率和质量。工业电气自动化技术还以 EC61131 为标准，运用计算机操作系统，建立了开放式管理平台。这种平台具有操作灵活、管理有效、维护有序等特点，可以实现对工业电气系统的远程监控和操作，提高生产的灵活性和响应速度，降低管理和维护成本，推动工业电气系统的自动化发展。当前的工业电气自动化技术在互联网信息技术的推动下取得了重要进展。通过结合计算机网络技术、多媒体技术等信息技术，以及人工智能技术和仿真模拟系统的应用，工业电气自动化技术正在不断提升其应用水平和管理效能，为工业生产的智能化、数字化和网络化提供了强大支撑，展现了广阔的发展前景。

（二）工业电气自动化技术的应用改革

工业电气自动化技术的应用改革正在不断推进，以适应现代工业的需求和发展趋势。这一改革涵盖了多个方面，包括技术创新、系统集成、管理模式、人才培养等，旨在提高工业生产效率、质量和安全，推动工业向智能化、数字化、网络化方向发展。

技术创新是工业电气自动化技术应用改革的核心。随着信息技术的飞速发展，工业电气自动化技术正不断融合新技术，如人工智能、大数据、物联网等，以提升系统的智能化、自适应性和灵活性。例如，智能传感器和智能控制算法的应用使得工业设备可以实现自主感知和智能决策，从而实现更高效、更可靠的生产过程。系统集成是工业电气自动化技术应用改革的重要方向。传统的工业生产往往存在信息孤岛和设备孤岛的问题，导致生产数据难以共享和利用。因此，通过建立统一的数据采集、传输和处理平台，实现不同设备和系统之间的互联互通，可以提高生产信息化水平，实现全面的生产过程监控和管理。管理模式的改革也是工业电气自动化技术应用改革的重要内容。传统的生产管理模式往往是基于人工经验和单一决策的，难以适应复杂多变的生产环境。因此，通过引入先进的智能化管理系统，如工业大数据分析系统、智能制造执行系统（MES）等，可以实现生产过程的精细化管理和智能化调度，提高生产效率和灵活性。人才培养是工业电气自动化技术应用改革的基础保障。随着技术的不断更新换代，需要具备高水平技术和管理能力的工程技术人才。因此，要加强对工业电气自动化技术相关专业的培养和培训，培养一批掌握新技术、适应新需求的高素质人才，为工业电气自动化技术的应用改革提供有力支持。工业电气自动化技术的应用改革是一个系统工程，需要在技术创新、系统集成、管理模式和人才培养等多个方面协同推进。通过不断地改进和创新，工业电气自动化技术将为工业生产的智能化、数字化和网络化提供强大支撑，实现更高效、更安全、更可持续的工业发展。

第二节　智能建筑

一、智能建筑的定义

智能建筑是当代建筑领域的一项创新成果，它汇集了现代建筑与高新信息技术的精华，旨在通过优化结构、系统、服务和管理等方面的组合，为人们提供高效、功能全面且舒适的建筑环境，为其提供一个具备经济效益的工作场所。在当今快速发展的城市化和科技进步的大背景下，智能建筑的出现不仅是对建筑行业的一次革命，更是对人类居住和工作方式的一次深刻变革。

智能建筑注重结构与系统的优化。通过采用先进的建筑材料和工艺，智能建筑在结构上更加稳固耐用，同时也更加环保节能。与此同时，智能建筑的各类系统也得到了精心设计与整合，包括供水、供电、通风、空调等，使得建筑运行更加高效可靠，满足人们对舒适度和安全性的需求。智能建筑强调服务与管理的智能化。通过运用先进的信息技术，智能建筑能够实现对建筑设施的智能监控与管理，实时了解建筑各项系统的运行状态，并能够进行预测性维护，及时发现和解决问题，提升建筑的可靠性和维护效率。同时，智能建筑还能够根据用户的需求和习惯，提供个性化的服务，如智能照明、智能安防等，提升用户体验和生活质量。智能建筑为人们提供了高效的工作场所。通过智能化的办公设备和信息系统，智能建筑能够提升工作效率，促进团队合作，实现无纸化办公，降低运营成本。同时，智能建筑还能够提供舒适的工作环境，如良好的室内空气质量、合理的采光设计等，为员工创造良好的工作氛围，提升工作效率和员工满意度。智能建筑作为现代建筑与高新信息技术的结合产物，具有优化结构与系统、智能化服务与管理以及提供高效工作场所等特点。它不仅是建筑行业的一次革命，更是对人类居住和工作方式的一次深刻变革，将为城市发展和人类生活带来更多的便利与可能。

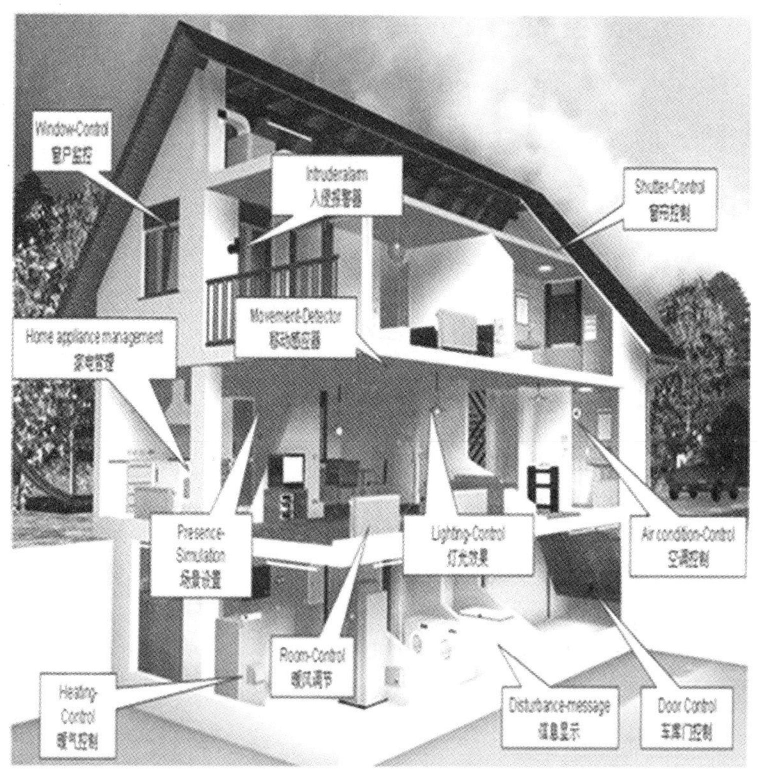

图 15　智能建筑

二、智能建筑的基本结构

智能建筑工程，也称为弱电系统工程，主要包括通信自动化（CA）、办公自动化（OA）、建筑物自动化（BA），通常被人们称为智能建筑 3A。这些系统起初主要涉及电话、计算机数据、电视会议等，近年来逐渐扩展到空调、建筑照明设备的监控、防灾、安全防护等数字CA与OA系统。在这一发展过程中，智能建筑逐渐朝着综合化、宽带化、数字化和个人化的方向发展，使其具备了以宽带、高速、大容量和多媒体为特征的信息传达能力。现在，主流说法为智能建筑5A，即通信自动化（CA）、建筑物自动化（BA）、办公自动化（OA）、消防自动化（FA）与保安自动化（SA）。这些系统共同构成了智能建筑的基本组成部分，并且相互协作，实现了建筑物内部各个系统的智能化管理和控制。

通信自动化（CA）系统是智能建筑的核心之一，它通过数字化的通信技术，实现了建筑内外各种通信渠道的畅通，包括语音通话、数据传输、视频会议等。建筑物自动化（BA）系统则负责监控和控制建筑内部的各种设备和设施，包括空调、照明、电力等，实现了对建筑环境的智能化调节和管理。办公自动化（OA）系统则提供了办公人员在工作中所需的各种信息处理和管理工具，包括电子文档管理、日程安排、会议管理等功能。消防自动化（FA）系统和保安自动化（SA）系统则负责建筑内部的消防安全和保安防护，通过火灾报警、安防监控等手段，确保建筑内部人员和财产的安全。智能建筑工程是一项综合性的工程项目，涉及到通信、建筑、办公、消防、保安等多个方面，通过各种智能化的系统和设备，实现了建筑物内部各个系统的智能化管理和控制，为用户提供了安全、舒适、高效的工作和生活环境。

四、智能建筑的特点

智能控制与传统或常规的控制之间并非相互排斥，而是密切相关且相辅相成的。智能控制通常包含常规控制的方法，并在此基础上利用智能化的技术和算法来解决更为复杂的控制问题。这种融合使得控制系统能够更加灵活、高效地应对各种情况，并不断拓展控制理论和方法的边界。

智能控制借鉴了传统控制方法的基础，包括PID控制、状态空间控制等。这些传统方法在工业控制和自动化领域已经得到广泛应用，并且具有稳定可靠的特点。智能控制在此基础上引入了人工智能、模糊逻辑、神经网络等技术，使得控制系统能够更好地适应复杂多变的环境和任务需求。智能控制利用传统控制的方法来解决一些“低级”的控制问题，比如温度控制、速度控制等。这些问题在传统控制中可能已经得到较为成熟的解决方案，而智能控制则可以通过引入更灵活的算法和自适应机制来进一步提升性能和稳定性。智能控制在扩充常规控制方法的同时，也建立起一系列新的理论和方法。例如，模糊控制理论和遗传算法等新兴技术的引入，为控制系统的设计和优化提供了全新的思路和工具。这些新的理论和方法使得控制系统能够更加灵活地应对复杂的控制任务，并在性能和效率上取得更好的平衡。智能控制的发展促进了控制理论和技术的不断进步。通过不断探索和实践，智能控制不仅拓展了传统控制的范畴，还推动了控制领域的创新和发展。智能控制与传统控制的融合为解决更为复杂的控制问题提供了新的途径和可能性，为控制技术的发展开辟了新的前景。

智能控制的持续发展也为传统控制方法的应用提供了更广阔的空间。通过智能化技术的引入，传统控制方法可以得到进一步的优化和提升，从而在实际应用中发挥更大的作用。例如，利用智能控制技术对 PID 参数进行在线调整，可以使得控制系统更快速地适应变化的工况和环境，提高系统的响应速度和稳定性。智能控制还为传统控制方法的应用提供了更多的扩展和创新。通过结合传感器、通信技术和数据处理技术，可以构建更加智能化的控制系统，实现远程监控、自适应控制等功能。这些新的应用场景和方法使得传统控制方法在各个领域都能够得到更广泛的应用，为实现智能化生产和管理提供了有力支持。智能控制与传统或常规的控制并非相互排斥，而是相辅相成、密切相关的关系。智能控制常包含常规控制，并利用常规控制的方法去解决一些低级的控制问题，同时还扩充了常规控制方法的应用范围，建立起一系列新的理论和方法。这种融合不仅推动了控制技术的发展，也为实现更加智能化、高效化的控制系统提供了新的思路和可能性。

五、智能建筑的发展历程

（一）发展现状

智能建筑是随着我国社会生产力水平的长期进步而日益受到重视的领域。随着计算机网络、现代控制技术、智能卡、可视化技术、无线局域网、数据卫星通信等高科技技术水平的不断提升，智能建筑在我国未来的城市建设中将占据重要地位，成为现代建筑甚至未来建筑的重要组成部分。

智能建筑利用计算机网络和现代控制技术实现对建筑内部各个系统的智能化管理和控制。通过集成各种传感器和执行器，实现对照明、空调、供暖、通风、安防等设备的远程监控和自动调节，提高建筑的能源利用效率和舒适性，减少对自然资源的浪费。智能建筑借助智能卡、可视化技术和无线局域网等技术实现对建筑内部设施和资源的智能管理和优化利用。例如，通过智能卡系统对进出人员和车辆进行身份验证和管理，通过可视化技术实现对建筑内部环境和设备的实时监控和操作，通过无线局域网实现建筑内部各个系统之间的无缝连接和协同工作。智能建筑还利用数据卫星通信等高科技手段实现建筑与外部环境的智能互联。通过与城市智能化管理系统和大数据平台的对接，实现建筑能源消耗、环境污染、交通拥堵等信息的实时监测和分析，为城市规划和管理提供科学依据和决策支持。智能建筑在持续吸纳和采用新型可靠性技术的同时，也不断实现设计和技术上的突破，赋予传统建筑概念新的内涵。其发展目标是稳定且持续不断地改进，不断提升建筑的智能化水平和可持续发展能力，为人们提供更加安全、舒适、便捷的生活和工作环境。随着科技的不断进步和社会的不断发展，智能建筑将在未来城市建设中发挥重要作用，成为城市发展的重要支撑和标志性建筑。通过不断创新和应用先进技术，智能建筑将为人类创造更加美好、智慧的生活空间，推动城市可持续发展和社会进步。

（二）所处困境

智能建筑的历史相比于中国智能家居的发展要更加漫长。在基础功能方面，智能化已在大型公共建筑的建设中得到普及，特别是在全国各大中城市的新建办公楼宇和商业楼宇等项目中，智能化已成为现代建筑标准配置的标志。然而，尽管公共建筑的智能化已经取得了一定的成就，但在智能建筑发展方面，国内却面临着一些不尽如人意的问题。

国内智能建筑面临的一个主要问题是系统稳定性较差。由于智能建筑系统涉及到多个子系统的集成和协调，如照明系统、空调系统、安防系统等，因此系统的稳定性成为一个关键问题。在实际应用中，由于各个子系统之间的兼容性、通信协议、设备质量等方面存在差异，导致智能建筑系统的稳定性不够理想，容易出现故障和不稳定的情况。国内智能建筑的功能实现率相对较低。尽管在公共建筑中普及了基本的智能化功能，但是一些先进的智能化功能在实际应用中并不普遍，例如能源管理、智能照明、智能安防等方面的功能应用还有待提升。这导致了智能建筑在实际使用中并没有充分发挥其潜力，无法满足用户对智能化生活的需求。智能建筑在智能化水平方面存在着良莠不齐的情况。虽然一些大型商业楼宇和办公楼在智能化水平上达到了较高的水平，但是一些小型或者老旧建筑的智能化水平相对较低，甚至存在着无法智能化改造的情况。这导致了智能建筑的整体水平无法形成统一和协调的局面，存在着发展不平衡的问题。为了解决上述问题，智能建筑行业逐渐兴起了智能一体化的设计方式。智能建筑一体化的设计方式旨在集成庞杂的智能控制系统，通过统一标准和施工来大幅度地增加系统的稳定性和可靠性。这种趋势将有助于提升国内智能建筑的整体水平，推动智能建筑行业向着更加健康、可持续的发展方向迈进。

（三）未来方向

随着新一代信息技术的迅猛发展，国家“新四化”的演变正推动着智慧城市建设迈入新阶段。在城镇化进程中，智慧城市建设扮演着至关重要的角色，其发展不仅能够为城市带来创新、高效的管理模式，还能够有效破解城市化进程中出现的各种“城市病”。在这一过程中，智能建筑作为智慧城市的重要组成部分，必然需要与智慧城市建设相融合，并成为未来发展的主要方向。

智慧城市建设的核心在于利用信息技术实现城市资源的智能化管理和优化利用。而智能建筑作为城市空间的重要组成部分，其智能化管理和能源利用效率的提升对于整个城市的可持续发展至关重要。通过在智能建筑中引入先进的感知、控制和通信技术，可以实现建筑设施的自动化监测和智能控制，进而实现对能源、水资源、交通等城市资源的有效管理和调配，从而提升城市的运行效率和生态环境质量。智慧城市建设需要借助智能建筑的力量实现城市服务的智能化和个性化。通过在智能建筑中集成先进的人工智能、大数据分析和物联网技术，可以实现对城市居民生活的精准感知和个性化服务。例如，智能建筑可以根据居民的需求和偏好自动调节室内环境，提供定制化的生活体验；同时，智能建筑还可以通过智能化的安防系统和智能医疗设备实现对居民生命和财产安全的保障，为城市居民提供更加便捷、安全的生活环境。智慧城市建设的推进需要智能建筑在城市规划和设计中发挥更大的作用。通过在城市规划和建设过程中充分考虑智能建筑的布局和功能设置，可以实现城市空间的高效利用和人居环境的优化。例如，可以通过智能建筑技术实现建筑能耗的减少和碳排放的降低，从而推动城市建设向着低碳、绿色、可持续的方向发展。随着国家智慧城市建设的推进，智能建筑将成为未来一段时间城市建设的主要发展方向。智能建筑作为智慧城市的重要组成部分，将通过智能化管理、个性化服务和城市规划的优化，为城市带来更加智慧、宜居的发展前景。

六、智能建筑发展的时代要求

（一）系统集成

建筑物自动化系统（BAS）是一种集中监测和遥控整个建筑的智能化系统，它涵盖了建筑的各个方面，包括中央空调系统、给水排水系统、供配电系统、照明系统、电梯系统等一切公用机电设备。BAS 的目的在于提高建筑的管理水平，降低设备故障发生率，减少维护和营运所花费的成本。这一系统的实现将为建筑管理者提供更加智能、高效的管理方式，为建筑的舒适性、安全性和能源利用效率带来显著提升。

BAS 通过集中监测整个建筑的各项设备和系统，实现了对建筑运行状态的实时监测。通过传感器和监测设备，BAS 可以实时监测建筑内部的温度、湿度、能耗、水质等参数，并将数据反馈给中央控制系统。这种实时监测使得建筑管理者能够及时了解建筑的运行状态，发现问题并采取相应的措施，从而确保建筑设备的正常运行。BAS 通过集中遥控建筑的各项设备和系统，实现了对建筑的远程控制。建筑管理者可以通过 BAS 的控制界面，对建筑的空调、照明、供水、排水、电力等系统进行远程控制和调节。例如，可以通过 BAS 调节空调系统的温度和风速，控制照明系统的亮度和开关，调节给水排水系统的水压和流量，实现对建筑环境的精准控制，提升建筑的舒适性和能源利用效率。BAS 还可以实现建筑设备的自动化运行和优化调度。通过预设的控制策略和算法，BAS 可以自动调节建筑设备的运行模式和工作参数，实现设备的节能运行和负荷均衡。例如，在低峰时段可以降低空调系统的运行功率，减少能源消耗；在高峰时段可以优化电梯系统的调度算法，减少等待时间和能源浪费。这种自动化运行和优化调度能够有效降低建筑的运行成本，提高建筑的经济效益。建筑物自动化系统（BAS）作为一种集中监测和遥控整个建筑的智能化系统，可以显著提高建筑的管理水平，降低设备故障发生率，减少维护和营运所花费的成本。随着科技的不断发展和应用，BAS 将在建筑管理和运营中发挥越来越重要的作用，为建筑行业的可持续发展做出积极贡献。

（二）防御措施

智能建筑的发展是符合时代潮流的，然而，随着智能技术的广泛应用，智能建筑也面临着各种潜在的安全威胁和风险。为了应对这些挑战，智能建筑发展的时代要求必须积极采取有效的防御措施，保障建筑及其使用者的安全和隐私。

智能建筑需要加强网络安全防御。随着智能建筑系统的互联和网络化程度不断提高，建筑内部各种智能设备和系统都会连接到互联网，这使得智能建筑成为网络攻击的潜在目标。因此，智能建筑必须采取严格的网络安全措施，包括加密通信、访问控制、漏洞修补等，以防止黑客入侵和网络攻击，保护建筑系统和用户数据的安全。智能建筑需要加强物理安全防御。智能建筑中的各种智能设备和传感器通常都是通过物理连接或无线通信与建筑系统连接的，这些设备如果受到破坏或篡改，可能会对建筑的正常运行造成严重影响。因此，智能建筑需要采取物理安全措施，包括设备防盗、监控摄像、门禁系统等，保护建筑设备的完整性和可靠性。智能建筑还需要加强数据隐私保护。智能建筑中的各种传感器和设备会收集大量的用户数据和建筑信息，包括居民的生活习惯、行为轨迹、能源消耗情况等。这些数据如果被不法分子获取或滥用，可能会对用户的隐私造成侵害，甚至导致个人信息泄露和身份盗窃。因此，智能建筑需要建立健全的数据隐私保护机制，加强数据加密、权限管理、数据审计等，保护用户数据的安全和隐私。智能建筑还需要加强灾难应对和紧急响应能力。智能建筑中的各种智能设备和系统可能会因为各种原因出现故障或失效，导致建筑内部出现安全隐患或危险情况。因此，智能建筑需要建立健全的灾难应对和紧急响应机制，包括设备监测、故障预警、紧急通知等，及时发现和处理各种安全风险和突发事件，保障建筑及其使用者的安全和健康。智能建筑发展的时代要求必须积极采取有效的防御措施，保障建筑及其使用者的安全和隐私。通过加强网络安全防御、物理安全防御、数据隐私保护和灾难应对能力的建设，可以有效预防各种安全威胁和风险，确保智能建筑的安全稳定运行，为建筑行业的可持续发展和社会进步做出贡献。

（三）安保措施

安全防范系统在实际工作中扮演着至关重要的角色，其目标是对建筑物的主要环境（包括内部环境和周边环境）进行全面、有效及全天候的监视，切实保障建筑物内部的人身、财产、文件资料设备等安全。随着现代建筑的逐渐呈现高层化、大型化以及功能多样化的特点，对安保系统提出了更新、更高的要求。新时代的安保系统不仅要保证安全可靠，还要具有较高的自动化水平和齐全的功能。

现代安保系统需要具备全面、有效、全天候的监视能力。安保系统应该覆盖建筑物的各个角落和重要区域，包括入口、走廊、楼梯间、停车场等，实现对这些区域的实时监控和录像存储。同时，安保系统应该具备夜间监视功能，保证在夜间或低光条件下仍能清晰监控建筑物的安全情况，确保安全防范的全天候性。现代安保系统需要具备高度的自动化水平。随着建筑规模的扩大和功能的增多，人工巡逻和监控已经不能满足对建筑安全的要求，因此需要借助现代化的技术手段实现自动化的安保监控。例如，利用智能监控摄像头和人脸识别技术，可以实现对人员和车辆的自动识别和记录，提高安保监控的效率和准确性；利用智能报警系统和远程监控平台，可以实现对安全事件的自动报警和远程处理，缩短应急响应时间，减少安全风险的发生。现代安保系统还需要具备齐全的功能。随着建筑功能的多样化，安保系统不仅需要具备视频监控、入侵报警、门禁控制等基本功能，还需要根据具体需求提供定制化的功能扩展，如火灾报警、气体泄漏监测、水浸报警等。同时，安保系统还应该具备智能化的管理和运维功能，实现对设备状态的实时监测和维护，保障安保系统的稳定运行。现代安保系统需要具备全面、有效、全天候的监视能力，高度的自动化水平和齐全的功能，以应对建筑物日益复杂的安全需求。只有如此，才能有效保障建筑物内部的人身、财产、文件资料设备等安全，确保建筑物的安全运行和使用。

（四）节能趋势

智能建筑节能已成为全球建筑业的普遍趋势。这种趋势与中国改革和发展的需求紧密契合，具有不可避免的客观必然性，因而成为21世纪中国建筑业发展的一个重点和热点。节能与环保是实现可持续发展的核心要素，因此，可持续建筑应当遵循节约、生态、人性、无害、集约等基本原则，以服务于可持续发展的最终目标。

智能建筑节能符合全球对可持续发展的迫切需求。随着全球能源资源的日益紧张和环境污染问题的加剧，人们对于建筑能源消耗和环境影响的关注度越来越高。因此，智能建筑节能成为了全球建筑业的普遍趋势，以减少能源消耗和减低碳排放为目标，为实现可持续发展贡献力量。智能建筑节能与中国改革和发展的迫切需求相契合。中国作为世界上最大的建筑市场之一，其建筑业的发展对于能源消耗和环境影响有着巨大的影响。随着中国经济的快速发展和城市化进程的加速推进，建筑能源消耗和碳排放呈现出快速增长的趋势，这对于资源供给和环境保护提出了巨大挑战。因此，智能建筑节能成为了中国建筑业发展的迫切需求，以应对能源危机和环境问题的挑战，推动建筑业向着可持续发展的方向转变。智能建筑节能是实现可持续发展的重要途径。可持续建筑应当遵循节约、生态、人性、无害、集约等基本原则，以最大限度地减少能源消耗和环境影响，为人类提供健康、舒适的生活环境。智能建筑通过引入先进的节能技术和智能化管理系统，实现建筑能源的高效利用和管理，减少建筑能源消耗和环境污染，从而为实现可持续发展目标作出了积极贡献。智能建筑节能已成为世界性的潮流和趋势，符合中国改革和发展的迫切需求，是 21 世纪中国建筑业发展的一个重点和热点。节能与环保是实现可持续发展的关键，可持续建筑应当遵循节约、生态、人性、无害、集约等基本原则，为实现可持续发展目标做出应有的贡献。

七、智能建筑系统的组成

（一）智能建筑系统为通信自动化系统（CAS）

建筑物自动化系统是一种综合性的系统，集中了监视、控制和管理建筑物或建筑群内各种设备和系统，包括但不限于电力、照明、空调、给水排水、防灾、保安、车库管理等，旨在提升建筑物的运行效率、安全性和舒适度。这一系统的出现和应用，不仅是对传统建筑管理模式的革命，更是对建筑智能化发展的重要推动力。

建筑物自动化系统通过集中监视实现了对建筑物各项设备和系统的实时监控。借助传感器、摄像头、监控设备等先进技术，系统可以全面监测建筑物内部的各种运行状态，如能耗情况、温度湿度、照明亮度、安全状况等，为建筑管理者提供及时准确的数据支持，有助于他们更好地了解和掌控建筑物的运行情况。建筑物自动化系统实现了对建筑设备和系统的集中控制。通过智能控制器、集中控制面板等设备，管理者可以远程控制建筑物内部的各种设备和系统，实现对其运行模式、参数设置、调节等功能的集中管理，提高了管理效率和精准度。比如，可以通过系统调节空调温度、控制照明亮度、管理电力消耗等，从而实现能源节约和环境保护的目标。建筑物自动化系统通过智能化管理实现了对建筑物的智能化运行。系统可以根据实时数据和预设算法，自动调整建筑内部设备和系统的运行状态，提供最佳的工作环境和舒适度。例如，根据人流密度和时间段自动调节空调温度和照明亮度，以提高能源利用率和用户体验；或者在检测到火灾、泄水等紧急情况时，系统能够自动触发相应的应急措施，保障建筑和人员的安全。建筑物自动化系统还可以实现对建筑物内部各种设备和系统的集成管理。通过统一的平台和标准化的接口，系统可以将建筑物内部的各种设备和系统进行整合和优化，实现信息共享和资源共享，提高了系统的互操作性和扩展性，为建筑管理者提供了更为便捷和灵活的管理手段。建筑物自动化系统作为一种综合性的系统，集中了监视、控制和管理建筑物内部各种设备和系统，具有提升建筑运行效率、安全性和舒适度的重要作用。随着科技的不断进步和智能化技术的不断成熟，相信这一系统将会在未来得到更广泛的应用和发展。

1. 以最优控制为中心的过程控制自动化

以最优控制为中心的过程控制自动化是一种高度智能化的系统，旨在通过自动化监控和调节建筑中各种机电设备的运行状态和参数，实现建筑物内部设备的最佳工作条件，提升建筑的运行效率和舒适性。建筑物自动化系统在此框架下，具备了自动监控、智能调节和超限报警等功能，使得建筑设备管理更加高效、精准和可靠。

建筑物自动化系统通过自动监控实现了对建筑中各机电设备的启动与停止状态的实时监测。系统配备了传感器、监控器等设备，能够实时监测建筑物内部各种设备的运行状态，如空调、照明、供水排水等，以及相关参数，如温度、湿度、能耗等。通过这些监测数据，系统能够准确了解设备的运行情况，及时发现和解决问题，确保设备处于最佳的工作状态。建筑物自动化系统具备了智能调节的能力，能够根据监测到的数据和预设的算法，自动调节建筑中各种设备的运行参数，以实现最优控制。比如，在监测到室内温度或湿度超出预设范围时，系统可以自动调节空调或加湿设备的运行参数，使室内环境恢复到舒适的状态；或者根据人员流动情况和时间段的变化，自动调节照明设备的亮度和开关状态，以实现能源的节约和利用效率的提升。建筑物自动化系统还配备了超限报警装置，能够在监测到建筑设备运行参数超出安全范围时，及时发出警报并采取相应的措施。比如，在监测到火灾、漏水等紧急情况时，系统可以自动触发相关的应急措施，如报警器的响铃、喷淋系统的启动等，及时通知相关人员并采取相应的应对措施，保障建筑和人员的安全。建筑物自动化系统以最优控制为中心的过程控制自动化，通过自动监控、智能调节和超限报警等功能，实现了对建筑中各种机电设备的自动化管理，提升了建筑的运行效率和舒适性，为建筑管理者和用户提供了更为便捷和安全的使用体验。随着科技的不断进步和智能化技术的不断成熟，相信建筑物自动化系统将在未来得到更广泛的应用和发展。

2. 以可靠、经济为中心的能源管理自动化

以可靠、经济为中心的能源管理自动化是一种注重保证建筑物内环境舒适度的同时，通过自动化调节和管理电力、供热、供水等能源的使用，提供可靠、经济的能源供应方案，以实现节能的目标。这一系统在建筑物自动化领域扮演着重要角色，通过智能化的管理手段，为建筑管理者提供了更为高效、精准和可持续的能源管理方案。

能源管理自动化系统通过智能化的能源监测和分析，实现了对建筑内部各种能源的实时监测和管理。系统配备了各种传感器和监控设备，能够实时监测建筑内部的能源消耗情况，如电力、燃气、水资源等，以及相关的环境参数，如温度、湿度等。通过对这些数据进行分析和处理，系统可以准确了解能源的使用情况，及时发现和解决能源浪费和损耗的问题，为节能提供了数据支持和管理依据。能源管理自动化系统具备了智能调节和优化能源使用的能力。系统根据实时监测到的数据和预设的节能算法，自动调节建筑内部各种能源的使用方式和运行参数，以实现最佳的能源供应方案。比如，在供热系统中，系统可以根据室内温度的变化和人员流动情况，自动调节供暖设备的运行模式和温度设置，以实现舒适度和节能的双重目标；在供水系统中，系统可以根据用水需求和水资源的供应情况，自动调节水泵的运行状态和水压参数，以提高供水效率和节约用水。能源管理自动化系统还配备了智能化的节能控制和优化方案，能够在保证建筑内环境舒适情况下，提供可靠、经济的能源供应方案。系统可以根据建筑的使用需求和能源的供应情况，自动调节能源的使用方式和供应策略，以最大限度地降低能源消耗和运营成本，实现经济效益和环境效益的双重收益。以可靠、经济为中心的能源管理自动化通过智能化的能源监测、调节和优化方案，实现了对建筑内部各种能源的高效管理和利用，为建筑管理者提供了可靠、经济的能源供应方案，实现了节能减排的目标。随着科技的不断进步和智能化技术的不断成熟，相信这一系统将在未来得到更广泛的应用和发展。

3. 以安全状态监视与灾害控制为中心的防灾自动化

以安全状态监视与灾害控制为中心的防灾自动化系统是建筑物管理中至关重要的

一环。其目标在于通过自动化的监视和控制手段，提高建筑物、建筑物内人员与设备的整体安全水平，以及防灾能力，保护建筑物内部人员的生命和财产安全。这种系统在应对火灾、泄水、盗窃等紧急情况时发挥着重要作用，通过及时响应和自动控制，最大程度地减少潜在的损失和风险。

防灾自动化系统通过安全状态监视，实现了对建筑物内部安全状态的实时监测。系统配备了各种传感器、摄像头、烟雾探测器等设备，能够全面监测建筑物内部的各种安全因素，如火灾、泄水、盗窃等，以及相关的环境参数，如温度、湿度等。通过这些监测数据，系统可以准确判断建筑物内部的安全状态，及时发现并报警处理可能存在的安全隐患。防灾自动化系统具备了灾害控制和应急响应的能力，能够在发生紧急情况时自动采取措施，最大程度地减少潜在的损失和风险。比如，在监测到火灾或烟雾时，系统可以自动启动火灾报警器、喷水系统等消防设备，通知相关人员并采取疏散措施，以保障建筑内部人员的生命安全；在监测到泄水或漏电时，系统可以自动切断相关设备的电源，并通知维修人员进行处理，以减少财产损失和安全风险。防灾自动化系统还配备了安全监控和远程控制功能，能够实现对建筑物内部安全状态的远程监控和控制。管理人员可以通过手机 App 或电脑端的监控界面，随时随地了解建筑物的安全情况，进行远程控制和应急响应，提高了管理的便捷性和响应速度。以安全状态监视与灾害控制为中心的防灾自动化系统通过自动化的监视、控制和应急响应，提高了建筑物、建筑物内人员与设备的整体安全水平和防灾能力，保护了建筑物内部人员的生命和财产安全。随着科技的不断进步和智能化技术的不断成熟，相信这一系统将在未来得到更广泛的应用和发展，为建筑安全管理提供更多的保障和支持。

4. 以运行状态监视和计算为中心的设备管理自动化

以运行状态监视和计算为中心的设备管理自动化系统是为了提供设备实时运行情况的监视、报表和分析，并在设备故障发生时及时进行处理，以及根据设备累积运行时间提出保养报告，延长设备使用寿命。这种系统在设备管理中扮演着重要角色，通过自动化的监测、计算和分析，提高了设备管理的效率和可靠性，减少了故障停机时间，延长了设备的使用寿命。

设备管理自动化系统通过运行状态监视，实现了对设备实时运行情况的监测。系统配备了各种传感器、监控器等设备，能够实时监测设备的运行状态和运行参数，如温度、压力、电流等，以及相关的工作环境条件，如温度、湿度等。通过这些监测数据，系统可以及时了解设备的运行情况，发现可能存在的故障和问题，为及时处理提供了数据支持和管理依据。设备管理自动化系统具备了运行状态计算和分析的能力，能够根据实时监测到的数据，自动计算设备的运行状态和运行参数，并生成相应的报表和分析结果。管理人员可以通过系统界面查看设备的实时运行情况和历史运行记录，了解设备的运行状况和工作性能，及时发现和解决问题，提高了设备管理的效率和可靠性。设备管理自动化系统还能够根据设备的累积运行时间提出设备保养的报告，以期增加设备使用寿命。系统可以自动计算设备的累积运行时间和工作负荷，预测设备的寿命和维护周期，提出相应的保养方案和计划，为设备的定期维护和保养提供了科学依据和管理支持。这样一来，可以有效减少设备的故障率和维修成本，延长设备的使用寿命，提高了设备的运行效率和可靠性。以运行状态监视和计算为中心的设备管理自动化系统通过自动化的监测、计算和分析，提高了设备管理的效率和可靠性，减少了故障停机时间，延长了设备的使用寿命。随着科技的不断进步和智能化技术的不断成熟，相信这一系统将在未来得到更广泛的应用和发展，为设备管理提供更多的保障和支持。

（二）建筑物自动化系统（BAS）

通信自动化系统是建筑物内部一体化的公共通信系统，旨在确保建筑内外各通信渠道的畅通，并提供网络支持，以便完成语音、数据、文本、图像、电视和控制信号的收发、传输、控制、处理与利用工作。这种系统以结构化综合布线系统为基础，以程控用户交换机为核心，以多功能电话、传真等各类终端为主要设备，构成了智能建筑信息通信功能的“中枢神经”。

通信自动化系统通过结构化综合布线系统确保了建筑内外各通信渠道的通畅。结构化综合布线系统通过统一的布线规范和标准化的连接方式，实现了各种通信设备之间的互联互通，包括语音、数据、图像、电视等多种信号的传输，确保了通信信号的稳定和可靠性。该系统以程控用户交换机为核心，实现了对通信信号的控制和管理。程控用户交换机具有灵活的通信路由和呼叫转移功能，能够根据用户需求自动调度通信资源，实现语音通话、数据传输等多种通信服务，提高了通信系统的效率和灵活性。通信自动化系统配备了各种多功能终端设备，如多功能电话、传真机等，满足了用户对不同通信服务的需求。这些终端设备能够实现语音通话、传真传输、数据传输等多种功能，为用户提供了便捷的通信工具，提高了工作效率和便利性。通信自动化系统连接了建筑物内部的各个系统，构成了有机整体。它不仅与建筑内部的其他智能系统如安防系统、能源管理系统等连接，实现了信息的共享和协同，还通过专用的通信线路和卫星通信系统连接到建筑物以外的通信网，如公用电话网、数据网等，实现了建筑物内外的信息互通。通信自动化系统是建筑物内部一体化的公共通信系统，通过结构化综合布线系统、程控用户交换机、多功能终端等设备的组合，实现了语音、数据、图像等多种信号的收发、传输、控制和利用工作，既确保了建筑内外各通信渠道的畅通，又连接了建筑内部的各个系统，成为智能建筑信息通信功能的核心。

1. 程控用户交换机（PABX）

程控用户交换机（PABX）是一种常见的电话交换设备，通常被安装在建筑物内部，作为建筑内部通信系统的核心。它以 PABX 为中心，构成了一种星形网络，能够连接模拟电话机、数字电话机、计算机、终端、传感器等各种设备，同时也能便捷地连接公用电话网、公用数据网等广域网（WAN）。这种系统在建筑内部通信和与外部通信网络的连接中发挥着重要作用。

PABX 作为程控用户交换机，具有强大的通信路由和呼叫转移功能，能够实现建筑内部各种通信设备之间的互联互通。它可以根据用户需求自动调度通信资源，实现语音通话、数据传输等多种通信服务，为建筑内部通信提供了便利和灵活性。PABX 构成了一种星形网络，以其为中心连接了建筑内部的各种通信设备。这种网络结构简单明了，易于管理和维护，能够有效地满足建筑内部通信的需求，提高了通信效率和可靠性。PABX 不仅能够连接模拟电话机，还能连接数字电话机、计算机、终端、传感器等各种数字设备。这使得建筑内部通信系统具备了更多的功能和应用场景，不仅可以实现语音通话，还可以实现数据传输、控制信号的收发等多种功能。PABX 能够便捷地连接公用电话网、公用数据网等广域网（WAN）。通过与外部通信网络的连接，建筑内部通信系统可以与外部世界实现信息交流和互联互通，为建筑内部的各种业务活动提供了更广阔的通信空间和资源支持。程控用户交换机（PABX）作为建筑内部通信系统的核心设备，以其为中心构成了一种星形网络，连接了建筑内部的各种通信设备，并且能够便捷地连接公用电话网、公用数据网等广域网（WAN）。这种系统在建筑内部通信和与外部通信网络的连接中发挥着重要作用，为建筑内部的各种通信需求提供了便利、灵活和可靠的解决方案。

2. 计算机局域网（LAN）

在建筑物内安装计算机局域网（LAN）是一种常见的网络配置，旨在实现建筑内部数字设备之间的通信和数据传输。这种局域网不仅能够连接数字电话机，还可以通过 LAN 上的网关连接各种广域网及公用网，为建筑内部通信和与外部通信网络的连接提供了便捷的解决方案。

计算机局域网（LAN）是一种用于建筑物内部的局域网络，可以连接建筑内部的各种数字设备，包括计算机、数字电话机、打印机、传感器等。这种网络采用局域网技术，具有较高的传输速度和较低的延迟，能够满足建筑内部设备之间大容量数据传输的需求。计算机局域网（LAN）不仅能够连接数字设备，还可以通过 LAN 上的网关连接各种广域网及公用网。网关是连接两个不同网络的设备，通过网关，局域网可以与互联网、其他局域网或广域网进行通信，实现与外部通信网络的连接和数据交换。计算机局域网（LAN）可以实现数字设备之间的即时通信和数据共享。通过局域网，用户可以轻松地进行文件共享、打印共享、设备共享等操作，提高了设备资源的利用效率和工作效率。计算机局域网（LAN）在建筑物内部通信系统中扮演着重要角色。它不仅连接了建筑内部的各种数字设备，实现了设备之间的通信和数据传输，还通过 LAN 上的网关连接了各种广域网及公用网，实现了与外部通信网络的连接，为建筑内部通信和与外部通信网络的互联互通提供了便捷的解决方案。计算机局域网（LAN）是一种用于建筑物内部的局域网络，通过连接数字设备和 LAN 上的网关，实现了设备之间的通信和数据传输，为建筑内部通信和与外部通信网络的连接提供了便捷的解决方案。

3. 综合业务数字网（ISDN）

综合业务数字网（ISDN）是一种具有高度数字化、智能化和综合化能力的通信网络系统，旨在整合电话、电报、传真、数据及广播电视等各种通信服务，并通过数字方式来实现统一。ISDN 联合了电话网络、电报网络、传真网络、数据网络以及广播电视网络等多种通信网络，同时结合了数字程控交换机和数字传输系统，将它们综合到一个数字网中进行。

ISDN 是一种高度数字化的通信网络，与传统的模拟通信网络相比，ISDN 采用了数字信号传输技术，具有更高的通信质量和稳定性。数字信号的传输不受传输距离和线路质量的限制，可以实现远距离的高速传输，保证了通信的可靠性和清晰度。ISDN

具有智能化的特点，通过数字方式实现了多种通信业务的统一。用户可以通过 ISDN 网络实现语音通信、数据传输、传真传递、图像传输等多种通信服务，而且这些服务可以在同一条通信线路上同时进行，大大提高了通信的灵活性和效率。ISDN 是一种综合化的通信网络，可以联合多种通信服务和设备，实现统一管理和控制。ISDN 网络不仅可以支持传统的电话通信，还可以支持电报、传真、数据及广播电视等多种通信服务，为用户提供了更丰富的通信选择和应用场景。ISDN 采用了数字程控交换机和数字传输系统，具有较高的通信效率和运行可靠性。数字程控交换机能够实现自动呼叫、多路复用和动态分配等功能，提高了通信资源的利用效率；数字传输系统能够实现高速、稳定的数据传输，保证了通信的质量和速度。综合业务数字网（ISDN）是一种具有高度数字化、智能化和综合化能力的通信网络系统，通过数字方式实现了多种通信服务的统一，联合了电话、电报、传真、数据及广播电视等各种通信网络和设备，具有较高的通信质量、灵活性和效率，是一种先进的通信技术和网络应用。

（三）办公自动化系统（OAS）

办公自动化系统是一种以行为科学、管理科学、社会学、系统工程学和人机工程学为理论基础的信息处理系统，它与计算机技术、通信技术、自动化技术等相结合，通过各种设备来取代由人完成的部分办公业务，以此构成由设备与办公人员共同服务于某种目标的人机信息处理系统。这种系统在现代办公环境中扮演着至关重要的角色，提高了办公效率、减少了人力资源的浪费，促进了信息共享和协作，推动了办公方式的革新与发展。

办公自动化系统以行为科学和管理科学为基础，通过对人员行为和管理流程的科学研究和分析，设计出合理的办公流程和组织结构。系统根据不同的办公需求和业务流程，提供了一系列的功能模块和操作界面，为办公人员提供了标准化、规范化的办公环境和操作流程，提高了工作效率和质量。办公自动化系统以社会学和系统工程学为理论基础，通过对组织结构和人际关系的研究和分析，构建了一套完善的组织管理和协作机制。系统提供了各种协作工具和沟通平台，如电子邮件、即时通讯、协同编辑等，为办公人员提供了便捷的信息交流和协作方式，促进了团队合作和知识共享，提高了工作效率和创新能力。办公自动化系统还以人机工程学为理论基础，通过对人机交互和界面设计的研究和优化，提高了系统的易用性和用户体验。系统采用直观、友好的界面设计和操作方式，减少了人员的培训成本和学习曲线，提高了系统的接受度和使用率，为办公人员提供了更加便捷、高效的工作体验。办公自动化系统结合了计算机技术、通信技术、自动化技术等各种先进技术，实现了对办公业务的自动化处理和管理。系统通过计算机网络和云平台实现了信息的集中存储和共享，通过自动化设备和软件实现了文件的自动归档和处理，提高了办公效率和数据安全性，为办公人员提供了更加智能化、便捷化的工作环境。办公自动化系统以行为科学、管理科学、社会学、系统工程学和人机工程学等多学科理论为基础，通过与计算机技术、通信技术、自动化技术等相结合，构建了一种由设备与办公人员共同服务于某种目标的人机信息处理系统。这种系统在提高办公效率、推动办公方式创新等方面发挥了重要作用，为现代办公环境的发展和进步做出了积极贡献。

1. 事务型

事务型办公自动化系统是一种专门用于处理日常办公事务的自动化系统，其组成单元包括计算机软硬件设备、基本办公设备、简单通信设备和处理事务的数据库。主要作用是为工作人员提供方便、高效的办公环境，处理日常的办公操作，如文字电子文档管理、办公日程安排、个人数据库管理等。这种系统直接面向工作人员，为他们提供了强大的办公工具和支持，提高了工作效率和质量。

事务型办公自动化系统的核心组成单元是计算机软硬件设备。这包括台式电脑、笔记本电脑、平板电脑等各种计算机设备，以及相应的操作系统和办公软件。计算机设备为办公人员提供了处理文档、数据、图像等多种形式信息的能力，使他们能够进行各种办公操作，如文字处理、电子表格、演示文稿等。事务型办公自动化系统还包括基本办公设备，如打印机、扫描仪、复印机等。这些设备为办公人员提供了文档的输出、输入和复制功能，使他们能够方便地处理各种办公文件和资料。打印机可用于输出文档，扫描仪可用于将纸质文档转换为电子文档，复印机可用于复制文件，从而满足不同的办公需求。简单通信设备也是事务型办公自动化系统的重要组成部分，如电子邮件、即时通讯工具等。这些通信设备为办公人员提供了与同事、客户和合作伙伴进行及时沟通和信息交流的渠道，促进了团队合作和业务发展。处理事务的数据库是事务型办公自动化系统的关键组成单元之一。这些数据库存储了办公人员处理事务所需的各种信息和数据，如客户信息、项目资料、日程安排等。办公人员可以通过数据库管理系统对这些数据进行存储、检索、更新和分析，为办公操作提供了重要的支持和保障。事务型办公自动化系统的组成单元包括计算机软硬件设备、基本办公设备、简单通信设备和处理事务的数据库。这种系统为工作人员提供了方便、高效的办公环境，处理日常的办公操作，如文字电子文档管理、办公日程安排、个人数据库管理等，直接面向工作人员，提高了工作效率和质量。

2. 管理型

管理型办公自动化系统是建立在事务型办公自动化系统基础上的一种综合数据库系统，其构建了与事务型办公系统紧密结合的一体化办公信息处理系统。与事务型办公系统相比，管理型办公自动化系统不仅支持其全部功能，还增加了信息管理的功能，实现了对大量各类信息的综合管理、数据信息的共享，以及设备资源的有效利用，从而优化日常工作流程，提高办公效率和质量。

管理型办公自动化系统建立在事务型办公自动化系统的基础上，继承了其完善的办公基础设施和功能模块。这包括计算机软硬件设备、基本办公设备、简单通信设备和处理事务的数据库等。这些基础设施和功能模块为管理型系统提供了强大的技术支持和操作平台，为后续的信息管理和资源共享打下了坚实的基础。管理型办公自动化系统主要增加了信息管理的功能。通过建立综合数据库系统，管理型系统能够综合管理大量的各类信息，包括客户信息、项目资料、市场数据、财务信息等。系统可以对这些信息进行存储、检索、更新和分析，为管理决策和业务发展提供重要支持，提高了管理的效率和决策的科学性。管理型办公自动化系统实现了数据信息的共享。通过建立统一的信息平台和标准化的数据接口，不同部门和个人可以方便地共享数据信息，避免了信息孤岛和重复劳动，促进了信息的流通和共享，提高了团队协作和工作效率。管理型办公自动化系统还能够实现设备资源的共享和优化利用。通过智能化的资源管理和调度，系统可以有效地管理设备资源的分配和使用，避免了资源浪费和空闲，提高了设备的利用率和效益，为办公环境的优化和提升提供了重要支持。管理型办公自动化系统是以事务型办公自动化系统为基础，通过增加信息管理的功能，实现了对大量各类信息的综合管理、数据信息的共享，以及设备资源的优化利用，从而提高了日常工作流程的效率和质量。这种系统为企业和组织提供了强大的信息处理和管理工具，推动了办公方式的现代化和智能化。

3. 辅助决策型

办公自动化系统作为一个综合性的信息处理平台，在日常办公工作中发挥着重要作用。辅助决策型办公自动化系统以事务型和管理型办公自动化系统为基础，进一步增加了补充决策和辅助决策的功能，为决策者提供了必要的支持和帮助。这种系统不仅具备数据库、模型库和方法库的支持，还能够为需要作出决策的课题构建或选择适当的决策模型，并结合内、外部条件，通过计算机执行决策程序的方式，提供决策者所需的支持。

辅助决策型办公自动化系统建立在事务型和管理型办公自动化系统的基础之上，继承了其完善的办公基础设施和功能模块。系统提供了强大的数据管理和信息处理能力，为决策过程提供了必要的数据基础和信息支持。辅助决策型办公自动化系统具备数据库、模型库和方法库的支持。系统建立了综合的数据库，存储了各类相关数据信息；同时建立了模型库和方法库，包括各种决策模型和决策方法。这些库为决策者提供了丰富的决策工具和参考资料，帮助其进行决策分析和方案评估。辅助决策型办公自动化系统为需要作出决策的课题构建或选择适当的决策模型。系统可以根据决策者的需求和决策环境，选择合适的决策模型，并将其应用到具体的决策问题中。这些决策模型可以是定性的也可以是定量的，可以是单一的也可以是复合的，能够满足不同决策场景下的需求。辅助决策型办公自动化系统通过计算机执行决策程序的方式，提供决策者必要的支持。系统可以根据决策模型和方法，结合内、外部条件，进行决策分析和计算，为决策者提供决策建议和方案评估，帮助其做出科学、合理的决策。辅助决策型办公自动化系统是建立在事务型和管理型办公自动化系统基础之上的一种综合性办公自动化系统，具有补充决策和辅助决策的功能。这种系统通过数据库、模型库和方法库的支持，为决策者提供了丰富的决策工具和参考资料，并通过计算机执行决策程序的方式，提供决策者必要的支持和帮助，帮助其做出科学、合理的决策。

第三节 交通运输

一、信号控制系统

交通信号灯是现代城市交通运输领域中最常见、最重要的电气控制系统之一。它们的存在与运作，旨在有效地管理车辆和行人的流动，以确保交通系统的安全性、效率和顺畅性。交通信号灯通过自动切换红、黄、绿灯，以及配合其他交通设施的运作，为交通参与者提供了明确的指示，使得交通能够有序进行。

图 16　交通信号灯

交通信号灯通过其电气控制系统实现自动化运作。这些系统利用先进的电子设备和控制算法，监测交通流量和行人需求，以及根据特定的时间表或实时条件，自动调整信号灯的状态。这种自动化能力使得交通信号灯能够在不同时间段和交通情境下，灵活地应对各种交通需求，提高了交通系统的适应性和效率。交通信号灯通过调节红、黄、绿灯的切换顺序和时间间隔，优化了交通流量的分配。在高峰时段，交通信号灯可以缩短红灯时间，延长绿灯时间，以促进车辆的流动；而在低峰时段，信号灯则可以相应地调整，以减少等待时间和提高车辆通行效率。通过这种精确的控制，交通信号灯有效地缓解了交通拥堵问题，提升了道路通行能力。交通信号灯也扮演着确保交通安全的重要角色。通过设定适当的信号灯间隔和切换逻辑，交通信号灯能够有效地组织交通流，减少交叉口事故和行人事故的发生。例如，在车辆通行的同时，交通信号灯会设置行人过街的绿灯，为行人提供安全的过马路时间。这种安排有效地分离了不同交通参与者的行动，降低了交通事故的风险。交通信号灯还通过智能化技术的应用，进一步提升了交通管理的水平。随着物联网和人工智能技术的发展，交通信号灯可以与其他交通设施和系统进行信息共享和实时通信，实现交通流量的动态调控和优化。例如，交通信号灯可以根据实时交通流量情况自动调整信号灯的切换模式，以应对突发事件或交通事故，保障交通系统的稳定和安全。交通信号灯作为交通运输领域中最常见的电气控制系统之一，扮演着至关重要的角色。通过自动化控制、流量优化、安全保障和智能化技术的应用，交通信号灯有效地促进了交通系统的发展和提升，为城市交通运输带来了便利、安全和高效。

二、轨道交通控制系统

电气控制在轨道交通系统中的关键角色不言而喻。特别是在地铁系统中，电气控制的应用涉及列车的自动驾驶、列车间距的调控、列车停靠站台的准确停车等多个方面。同时，电气控制还承担着调度系统的重要任务，实现地铁列车的运行计划和优化。以下将详细探讨电气控制在地铁系统中的作用和重要性。

地铁系统中的电气控制被广泛用于实现列车的自动驾驶。通过预先设定的线路图和信号系统，电气控制系统能够准确地控制列车的速度和行驶路线，从而实现全程自动化的列车运行。这种自动驾驶技术不仅提高了列车的运行效率和安全性，还减轻了驾驶员的工作负担，使得地铁系统更加可靠和便捷。电气控制在地铁系统中用于调节列车间的距离，确保列车之间的安全运行。通过精确的控制算法和实时监测系统，电气控制能够动态调整列车的速度和停车位置，以保持适当的列车间隔。这种间距调控技术不仅可以提高地铁系统的运行效率，还能够最大程度地利用轨道资源，减少拥堵和延误。电气控制在地铁系统中也扮演着确保列车准确停靠站台的重要角色。通过精密的控制系统和传感器设备，电气控制能够准确地控制列车的停车位置和停车时间，确保列车能够准确停靠在指定的站台位置，并保持与站台之间的安全距离。这种准确停车技术不仅提高了乘客的乘坐舒适度，还能够减少列车在站台上的停留时间，提高了站台的通行效率。电气控制还在地铁系统的调度系统中发挥着至关重要的作用。通过集成车辆控制系统、信号系统和调度中心，电气控制能够实现对地铁列车的运行计划和调度优化。例如，电气控制可以根据实时的交通状况和乘客需求，调整列车的发车间隔和运行速度，以最大程度地提高地铁系统的运行效率和服务质量。电气控制在地铁系统中扮演着至关重要的角色。通过实现列车的自动驾驶、间距调控、准确停车以及调度优化，电气控制不仅提高了地铁系统的运行效率和安全性，还提升了乘客的出行体验和服务水平。随着科技的不断进步和创新，相信电气控制将在未来地铁系统的发展中发挥更加重要的作用。

三、交通信号优化系统

交通信号优化系统是一种利用电气控制技术的智能化系统，旨在对交通信号灯进行智能控制，以提高交通效率、减少拥堵和优化交通流量。这种系统通过实时监测交通流量和道路情况，以及运用先进的控制算法和技术，动态地调整交通信号灯的配时和周期，以最大程度地优化交通系统的运行。

交通信号优化系统利用电气控制技术实现了对交通信号灯的智能化控制。传统的交通信号灯配时往往是固定的，无法根据实际交通情况进行灵活调整。而优化系统通过电子设备和传感器网络，实时监测交通流量、车辆速度和道路拥堵情况，从而可以根据实际情况动态地调整交通信号灯的配时方案，以应对不同时间段和交通情景下的需求变化。交通信号优化系统利用电气控制技术根据实时交通流量和道路情况，动态调整交通信号灯的配时。系统可以根据交通拥堵程度、道路通行能力和行车需求等因素，智能地调整红绿灯的时长和周期，以最大程度地提高道路通行效率。例如，在高峰时段，系统可以缩短红灯时长，延长绿灯时长，以促进车辆流动；而在低峰时段，则可以相应地调整，以减少等待时间和提高车辆通行效率。交通信号优化系统利用电气控制技术还可以实现交通信号灯之间的协调配时。系统可以通过与周边交通信号灯的通信和协调，实现交通信号灯的联动控制，从而最大程度地优化交通流量，减少车辆停等时间和行车延误。例如，系统可以根据不同路段的交通情况，动态调整相邻交通信号灯的配时，实现交通流量的平衡和优化。交通信号优化系统利用电气控制技术能够提高交通系统的响应速度和适应性。传统的交通信号灯配时往往需要人工干预和调整，反应速度较慢，无法及时应对交通变化。而优化系统通过自动化控制和实时监测，可以快速响应交通变化，动态调整交通信号灯的配时方案，使交通系统更加灵活和高效。交通信号优化系统利用电气控制技术对交通信号灯进行智能控制，根据实时交通流量和道路情况动态调整信号灯的配时，以最大程度地提高交通效率和减少拥堵。这种系统的应用将为城市交通运输带来更高效、更便捷的出行体验，促进交通系统的可持续发展。

四、电动交通工具控制系统

电动交通工具，如电动汽车、电动自行车等，正成为现代城市交通中的重要组成部分。这些交通工具之所以能够实现高效、安全的行驶，离不开电气控制系统的支持。电气控制系统通过电子控制单元（ECU）来实现对车辆的行驶速度、转向、制动等功能的精确控制和管理，为用户提供更加便捷、舒适的出行体验。

电气控制系统通过电子控制单元实现了对电动交通工具行驶速度的精确控制。ECU 通过感知车辆的速度和加速度等信息，以及根据用户输入的加速、减速指令，精确地控制电动车辆的电机输出功率，从而实现对车速的调节。这种精确控制技术使得电动交通工具能够稳定、流畅地行驶在不同道路条件下，提高了行车的安全性和舒适性。电气控制系统通过 ECU 实现了对电动交通工具转向功能的精确控制。ECU 通过感知方向盘转动的角度和力度，以及根据车辆行驶状态和路况情况，精确地控制车辆的转向电机或转向系统，实现车辆转向角度和转向力度的精确调节。这种转向控制技术使得电动交通工具能够灵活、精准地应对复杂的驾驶环境，提高了驾驶的稳定性和安全性。电气控制系统通过 ECU 实现了对电动交通工具制动功能的智能控制。ECU 通过感知车辆的速度、加速度和制动踏板的踩踏程度，以及根据路面情况和车辆负载等因素，智能地调节制动系统的压力和力度，实现车辆的平稳制动和停车。这种智能制动控制技术有效地提高了车辆的制动性能和安全性，减少了制动时的失控风险。电气控制系统还可以通过 ECU 实现对电动交通工具其他功能的控制和管理，如车辆的照明系统、空调系统、娱乐系统等。ECU 可以集成多种传感器和执行器，实现对车辆各个系统的智能控制和管理，为用户提供更加舒适、便捷的驾驶体验。

电气控制系统通过电子控制单元（ECU）实现了对电动交通工具行驶速度、转向、制动等功能的精确控制和管理。这种系统的应用使得电动交通工具具备了更高的安全性、稳定性和舒适性，为用户提供了更加便捷、智能的出行体验，推动了电动交通工具的发展和普及。

五、交通监控和管理系统

电气控制在交通监控和管理系统中发挥着至关重要的作用。通过摄像头、传感器等设备采集交通数据，再利用电气控制系统对交通流量、车辆速度、车辆位置等进行实时监测和分析，可以实现精准的交通管理和指挥，从而提高交通系统的效率、安全性和可靠性。

电气控制系统通过交通监控设备采集大量的交通数据，包括车辆数量、车速、车辆位置、道路状况等信息。这些数据通过传感器等设备实时采集，并传输到电气控制系统中进行处理和分析。借助这些数据，系统可以全面了解道路上的交通情况，掌握交通流量的变化和道路状况的实时动态，为交通管理和指挥提供准确的数据支持。电气控制系统利用采集到的交通数据进行实时监测和分析，以实现对交通流量、车辆速度、车辆位置等的精准掌控。系统可以通过分析交通数据，识别出交通拥堵、事故、违章行为等问题，及时采取措施进行应对和处理。例如，在发现某个路段出现拥堵时，系统可以通过调整交通信号灯的配时或改变车道指示来缓解拥堵，保障交通畅通。电气控制系统还可以通过智能算法和模型预测交通情况的发展趋势，提前进行交通管理和指挥。系统可以利用历史数据和实时数据，结合交通流量的变化规律和道路条件的影响因素，预测未来交通流量的变化趋势和可能出现的拥堵点，从而采取针对性的交通管理措施，提前化解交通问题，保障交通安全和顺畅。电气控制系统还可以通过智能化技术实现交通管理和指挥的自动化和智能化。系统可以利用人工智能、大数据等技术，对交通数据进行深度学习和分析，自动识别交通问题并提出解决方案，实现对交通流量的动态调控和优化。这种智能化技术的应用使得交通管理和指挥更加高效、精准，为城市交通运输的发展和提升提供了强大支持。电气控制在交通监控和管理系统中扮演着不可或缺的角色。通过实时采集和分析交通数据，系统可以实现对交通流量、车辆速度、车辆位置等的实时监测和分析，为交通管理和指挥提供准确的数据支持和智能化的解决方案，促进了交通系统的高效运行和持续发展。

第四节　能源管理

一、智能电网控制系统

智能电网是一种基于先进的电气控制技术，通过实时监测、控制和优化电网运行状态，以提高电网的效率、可靠性和安全性。这一概念在能源行业中逐渐受到关注，被认为是未来能源系统的发展方向之一。智能电网控制系统利用先进的传感器、通信技术和数据分析算法，实现对电网中各种设备和节点的远程监测和控制，包括变电站、配电设备、电动车充电桩等，以实现电能的高效分配和利用。

智能电网控制系统通过实时监测电网运行状态，实现对电网各个环节的全面了解。通过在电网中部署大量的传感器和监测设备，系统可以实时采集电网的电压、电流、功率等数据，并对这些数据进行实时分析和处理。这使得系统能够全面掌握电网的运行情况，及时发现并解决潜在的问题，提高了电网的可靠性和安全性。智能电网控制系统通过远程控制功能，实现对电网中各种设备和节点的远程监控和控制。系统可以通过远程通信技术，实时监测和控制变电站、配电设备、电动车充电桩等设备的运行状态和参数。例如，系统可以根据电网负荷情况，远程调节变电站的输出功率和电压，以实现电能的动态调配和优化利用，提高了电网的运行效率和能源利用率。智能电网控制系统还可以通过数据分析和优化算法，实现对电网运行的智能优化。系统可以利用大数据技术和人工智能算法，对电网运行数据进行深度分析和挖掘，发现电网运行中存在的问题和优化空间。例如，系统可以根据历史数据和实时数据，预测未来电能需求和供应情况，提前调整电网运行策略，以保障电网的稳定运行和供电质量。智能电网控制系统还可以实现对电网的故障检测和故障隔离功能，提高了电网的抗干扰能力和恢复能力。系统可以通过智能算法和自动化控制技术，及时识别电网中的故障点和故障类型，并快速采取措施进行隔离和修复，以最大程度地减少故障对电网运行的影响，提高了电网的可靠性和安全性。智能电网控制系统通过实时监测、远程控制、数据分析和优化算法等技术手段，实现对电网运行状态的全面监控和智能化管理，为电网的高效运行和可靠供电提供了强大支持，推动了能源系统的智能化和可持续发展。

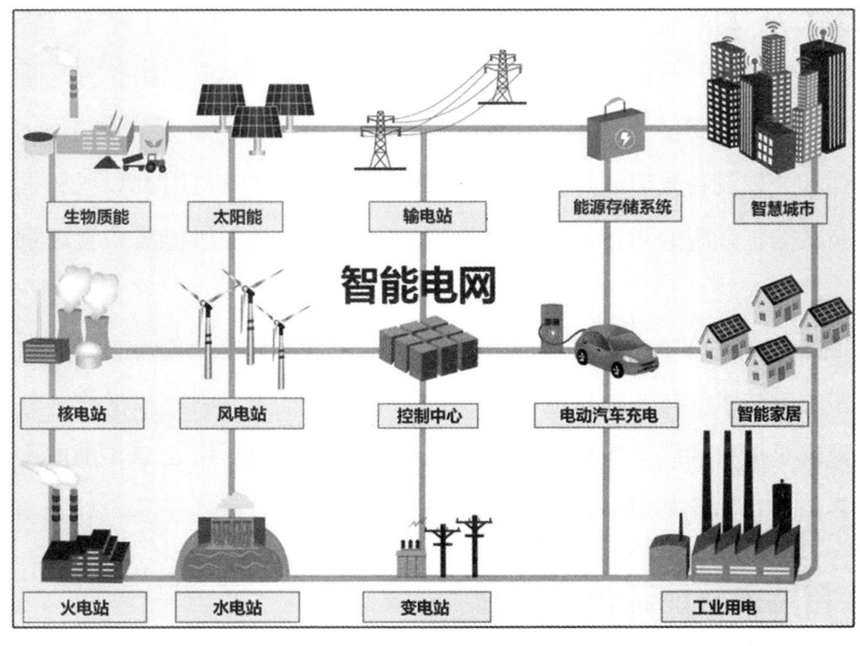

图 17　智能电网控制系统

二、分布式能源管理系统

随着分布式能源（如太阳能、风能）的发展和应用，电气控制技术被广泛应用于分布式能源管理系统中。这种系统通过电气控制系统，可以对分布式能源的发电、存储和供电进行调度和优化，以满足用户的能源需求，并实现能源的高效利用和管理。

电气控制技术在分布式能源管理系统中扮演着关键角色。通过集成智能控制器和传感器设备，系统能够实现对分布式能源设备的实时监测和远程控制。例如，太阳能光伏电池和风力发电机可以通过电气控制系统进行电流、电压和功率的监测和调节，以确保其稳定运行和最大发电效率。电气控制系统可以实现对分布式能源的发电、存储和供电进行调度和优化。系统可以根据能源产生设备的实时运行状态、用户的能源需求以及电网的负荷情况，智能地调节能源的生产、存储和分配。例如，在太阳能和风能资源充足的情况下，系统可以优先利用这些能源进行发电，并将多余的电能存储到电池或其他储能设备中；而在能源供给不足或负荷较大的情况下，则可以从电池或电网中调取能量进行补充。电气控制系统还可以实现分布式能源与传统能源系统的无缝衔接和协同运行。系统可以通过智能控制算法和通信技术，将分布式能源系统与传统电网系统相连接，并实现双向的能源交换和共享。这种协同运行模式可以有效地平衡能源供需关系，提高能源的利用率和供电可靠性，促进了可再生能源与传统能源的融合发展。电气控制技术还可以实现对分布式能源系统的远程监测和智能管理。系统可以通过云平台和远程监控中心，实时监测分布式能源设备的运行状态和性能参数，并及时发现和处理设备故障或异常情况。同时，系统还可以利用大数据和人工智能技术，对分布式能源系统的运行数据进行分析和优化，提出更加精准的管理策略和调度方案。

电气控制技术在分布式能源管理系统中的应用，为实现分布式能源的高效利用和管理提供了关键技术支持。通过电气控制系统的实时监测、调度和优化，分布式能源可以更好地满足用户的能源需求，同时还能够提高能源的利用效率和供电可靠性，推动了能源系统的智能化和可持续发展。

三、智能家居能源管理系统

智能家居能源管理系统是一种利用电气控制技术实现对家庭能源的监测和控制的

智能化系统。通过智能电表、智能插座、智能开关等设备，系统可以实时监测家庭能源的消耗情况，以及家电设备的运行状态，并通过智能控制算法实现能源的节约和优化。这种系统的应用不仅可以提高家庭能源利用效率，还可以降低能源消耗成本，实现家庭能源管理的智能化和可持续发展。

智能家居能源管理系统通过智能电表等设备实现对家庭能源的实时监测。智能电表可以实时记录家庭各个电路的用电量、功率等数据，并将这些数据传输到系统中进行分析和处理。借助这些数据，系统可以准确了解家庭能源的消耗情况，发现能源浪费和节能潜力，为后续的能源优化和节约提供数据支持。智能家居能源管理系统通过智能插座、智能开关等设备实现对家电设备的远程控制。用户可以通过手机 App 或智能终端设备，实时监控和控制家庭中的各种电器设备，包括灯具、空调、电视等。通过远程控制功能，用户可以随时随地对家电设备进行开关、定时、定温等操作，从而实现对能源的精准控制和管理。智能家居能源管理系统通过智能控制算法实现能源的节约和优化。系统可以根据家庭的生活习惯、用电行为以及实时的能源消耗情况，智能地制定能源管理策略和调度方案。例如，在用电高峰期，系统可以通过智能控制算法实现家电设备的智能调度和功率优化，以最大程度地降低能源消耗和用电成本；而在用电低谷期，则可以根据用户需求进行合理的能源分配和调度，提高能源利用效率。智能家居能源管理系统还可以实现对家庭能源的数据分析和报告功能。系统可以通过数据分析算法，对家庭能源消耗情况进行深度挖掘和分析，发现能源使用的规律和问题，并提出相应的改进和优化建议。同时，系统还可以生成能源消耗报告和节能效果评估，为用户提供清晰的能源管理指南和效果评估，帮助用户更好地实现能源的节约和管理。

智能家居能源管理系统利用电气控制技术实现了对家庭能源的智能监测和控制。通过实时监测、远程控制、智能算法和数据分析等技术手段，系统可以实现能源的节约和优化，提高了家庭能源利用效率，降低了能源消耗成本，推动了家庭能源管理的智能化和可持续发展。

四、电动车充电管理系统

电动车充电管理系统是利用电气控制技术实现对电动车充电过程的监测和控制的智能化系统。通过智能充电桩、充电管理系统等设备，系统可以实时监测电动车的充电状态和电池容量，以及电网的负荷情况，并根据需求进行充电调度，以平衡电网负荷和提高充电效率。这种系统的应用不仅可以提高电动车的充电效率和电池寿命，还可以优化电网运行，推动电动车充电设施的智能化和可持续发展。

电动车充电管理系统通过智能充电桩实现对电动车充电过程的实时监测。智能充电桩可以与电动车的电池进行通信，实时获取电池的充电状态、电量和充电速度等数据，并将这些数据传输到充电管理系统中进行分析和处理。借助这些数据，系统可以准确了解电动车的充电情况，实时监测充电过程中的电压、电流和功率等参数，为后续的充电调度提供数据支持。电动车充电管理系统通过充电管理系统实现对充电过程的智能控制和调度。系统可以根据电动车的充电需求、电网的负荷情况和充电设施的资源分配情况，智能地制定充电策略和调度方案。例如，在电网负荷较低或充电设施资源充足时，系统可以优先满足电动车的充电需求，提高充电效率；而在电网负荷较高或充电设施资源紧张时，则可以根据充电优先级和充电需求进行智能调度，以平衡电网负荷和提高充电效率。电动车充电管理系统还可以实现对电动车充电过程的远程监控和管理。系统可以通过云平台和远程监控中心，实时监测充电设施的运行状态和充电过程中的异常情况，并及时发出警报和处理措施。同时，系统还可以利用大数据和人工智能技术，对充电数据进行分析和挖掘，发现充电设施的潜在问题和优化空间，提出相应的改进和优化建议。电动车充电管理系统还可以实现对电动车充电过程的数据记录和分析功能。系统可以通过数据记录和存储功能，记录每辆电动车的充电历史和充电参数，为用户提供充电记录查询和分析报告。同时，系统还可以通过数据分析算法，对充电数据进行深度分析和挖掘，发现充电过程中存在的问题和改进空间，为后续的充电管理和优化提供参考和支持。电动车充电管理系统利用电气控制技术实现了对电动车充电过程的智能监测和控制。通过实时监测、智能调度、远程管理和数据分析等技术手段，系统可以提高电动车的充电效率和电池寿命，优化电网运行，推动电动车充电设施的智能化和可持续发展。

五、工业能源管理系统

在工业领域，电气控制技术被广泛应用于工业能源管理系统中，这种系统通过实时监测和控制工业设备和生产过程的能耗情况，可以实现能源的节约和优化，降低生产成本，提高生产效率。这种应用不仅对企业的经济效益有显著影响，还有助于实现可持续发展的目标，工业能源管理系统通过实时监测工业设备的能耗情况，实现对能源消耗的全面了解。通过安装传感器和监测装置，系统可以实时采集并记录工业设备的电能、燃气、水等能源消耗数据。这些数据可以反映设备的实际运行情况和能源利用效率，为企业管理者提供直观的能源消耗情况，为后续的能源管理和优化提供数据支持。工业能源管理系统通过智能控制技术，实现对工业设备和生产过程的能耗进行精准控制。系统可以根据生产计划、工艺要求和能源成本等因素，智能调节设备的运行模式、工作参数和生产流程，以最大程度地降低能源消耗和生产成本。例如，系统可以根据生产需求调整设备的启停时间和运行速度，避免设备的空转和过载，提高能源利用效率。工业能源管理系统通过数据分析和优化算法，实现对能源消耗的智能化管理和优化。系统可以利用大数据和人工智能技术，对工业设备的能源消耗数据进行深度分析和挖掘，发现能源消耗的规律和问题，并提出相应的改进和优化方案。例如，系统可以通过分析设备的能效指标和能源消耗模式，找出能源消耗高峰和低谷期，制定相应的能源调度策略，最大限度地平衡能源供需关系，降低能源消耗成本。工业能源管理系统还可以实现对生产过程的实时监控和预警功能。系统可以通过预设的能源消耗标准和阈值，实时监测工业设备和生产过程的能耗情况，并及时发出警报和提醒。例如，当设备的能源消耗超过预设的阈值时，系统可以自动发出报警信号，提醒操作人员及时调整设备运行状态，防止能源浪费和生产成本的增加。工业能源管理系统利用电气控制技术实现了对工业设备和生产过程能耗的实时监测和控制，为企业实现能源节约和优化提供了技术支持。这种系统的应用不仅有助于降低生产成本，提高生产效率，还可以促进工业企业的可持续发展，推动工业能源管理的智能化和可持续发展。

第八章　电气控制方式的发展趋势

第一节　智能化与网络化

一、电气控制方式的智能化发展趋势

（一）在电气自动化控制中应用人工智能技术的优势

1. 提高系统的智能化和自主性

人工智能技术通过机器学习算法对大量的数据进行分析和学习，从历史数据中归纳出规律和模式，形成知识和经验。通过不断学习和反馈，系统得以逐渐优化自身的性能，并在面对新的情况时做出更加准确的决策。例如，在电力系统中，系统能够通过学习历史用电数据和天气情况等因素，预测未来的负荷需求，并做出相应调整，提高供电的效率和稳定性。人工智能技术还能利用强化学习算法使系统自主地进行决策和优化。

人工智能技术利用机器学习算法对大量的数据进行分析和学习。通过将历史数据输入到人工智能系统中，系统可以利用各种机器学习算法，如监督学习、无监督学习和半监督学习等，从数据中提取特征、发现规律，并建立模型进行预测和决策。例如，在电力系统中，系统可以利用历史用电数据、天气数据、节假日等信息，通过机器学习算法来分析负荷需求与各种因素之间的关系，从而预测未来的用电需求。人工智能技术能够通过不断学习和反馈来优化系统性能。系统在运行过程中会不断收集新的数据，并将其与已有的数据进行比较和分析，从中发现新的规律和趋势。通过将新的数据输入到机器学习模型中，系统可以不断更新和优化模型，提高预测的准确性和效率。

例如，在电力系统中，系统可以实时监测电力供需情况，将实时数据反馈到机器学习模型中，从而不断优化负荷预测模型，提高供电的效率和稳定性。人工智能技术还可以利用强化学习算法使系统自主地进行决策和优化。强化学习是一种通过与环境的交互学习来获取最优行为策略的方法，系统在与环境的交互中通过尝试不同的行动并根据行动的结果进行奖励或惩罚，从而逐步学习出最优的决策策略。例如，在电力系统中，系统可以通过强化学习算法来优化发电调度方案，使得系统的供电成本最低、效率最高，同时保证供电的稳定性和可靠性。人工智能技术通过机器学习算法对大量数据进行分析和学习，能够从历史数据中归纳出规律和模式，形成知识和经验。通过不断学习和反馈，系统能够逐渐优化自身的性能，并在面对新的情况时做出更加准确的决策。在电力系统等领域，人工智能技术的应用能够提高供电的效率和稳定性，推动智能化和可持续发展。

2. 优化控制算法和决策过程

优化控制算法和决策过程是应用人工智能技术于电气自动化控制中的重要优势。利用大数据和强大的计算能力，人工智能技术能够对电气自动化系统中的复杂问题进行建模和求解，优化控制算法，提高控制效果和系统性能。人工智能通过深度学习，能够通过多层神经网络进行层层抽象和特征提取，进而对系统进行建模和预测。深度学习在电气自动化控制中可以用于识别和预测系统中的各种状态和行为，从而优化控制策略。例如，在能源管理系统中，深度学习可以通过学习历史能源消耗数据和外部环境数据，预测未来能源需求，进而优化能源供应和调度策略，提高能源利用效率。电气自动化控制中，还可以利用人工智能的强化学习优化决策过程。通过与环境的交互，不断尝试不同的决策，根据反馈的奖励信号来学习最优的决策。例如，在智能电网中，通过强化学习算法可以实现智能调度和优化电力资源分配，以最大化系统的效益。优化控制算法和决策过程的应用，为电气自动化控制领域带来了巨大的变革和提升。通过人工智能技术，系统能够更加智能地处理复杂的控制问题，提高系统的性能和效率。同时，利用大数据和深度学习技术，系统能够对系统状态进行更加准确的预测和建模，为优化控制策略提供了更加可靠的依据。强化学习算法的应用，则使得系统能够在与环境的交互中不断改进和优化决策策略，适应复杂多变的控制环境，从而实现更加智能化和高效的控制。

优化控制算法和决策过程的应用，使得电气自动化控制系统能够更加智能、高效地运行，为实现智能电气系统和智能电网等领域的发展提供了关键技术支持。随着人工智能技术的不断发展和完善，相信在未来，优化控制算法和决策过程将会发挥更加重要的作用，推动电气自动化控制领域的持续创新和进步。

3. 实现智能故障诊断和预测

在对电气自动化系统的传感器数据进行实时监测和分析中，人工智能技术能够识别出与正常工作模式不符的异常情况。例如，检测到电气设备的温度异常升高或振动频率的突变等潜在故障的前兆，人工智能会及时发现并上报。一旦检测到异常，人工智能技术还能根据历史数据和故障模式库进行故障诊断，比对已知故障模式和当前传感器数据的特征，确定导致异常的具体故障原因。于是工程师或操作人员得以快速定位故障，并采取适当的维修措施，减少故障排除的时间和成本。人工智能技术的另一个优势在于能够基于历史数据和机器学习算法学习和识别不同故障模式的特征和演变规律。通过对当前传感器数据的实时监测和分析，预测故障的发生概率和时间窗口，帮助维修人员在故障发生之前采取相应的维修或更换措施，以减少停机时间和生产损失。这种实时监测和预测故障的能力为电气自动化系统的维护和管理带来了显著的优势。通过人工智能技术，系统能够实现对设备状态的全面监测和诊断，及时发现潜在的故障风险，并采取预防性维护措施，从而降低了设备故障的风险和生产中断的可能性。

人工智能技术还能够不断优化自身的诊断和预测能力。通过不断学习和训练，系统能够逐渐提高对不同故障模式的识别准确度，并优化预测模型，使得预测结果更加可靠和准确。这种自我优化的能力使得系统能够不断适应复杂多变的工作环境，为电气自动化系统的稳定运行和高效管理提供了可靠支持。人工智能技术在电气自动化系统的故障诊断和预测方面发挥着重要作用。通过实时监测和分析传感器数据，及时发现和诊断潜在的故障，帮助维修人员快速定位问题并采取有效的措施。同时，基于历史数据和机器学习算法的应用，使得系统能够预测故障的发生概率和时间窗口，帮助企业减少停机时间和生产损失，提高生产效率和设备可靠性。

4. 支持自适应优化和灵活调度

人工智能技术通过学习和分析大量的历史数据和实时数据，建立模型预测和预测生产需求的变化趋势，系统根据这些预测结果，对生产参数和资源配置自动调整，以适应市场变化和生产需求的变动。例如，在需求高峰期，系统会自动增加产能和调整生产线的工作速度，以满足客户的需求。人工智能技术在生产需求预测方面发挥着重要作用。通过分析历史数据和实时数据，系统能够识别出生产需求的周期性变化、季节性波动以及突发事件等因素对需求的影响，从而建立相应的预测模型。这些预测模型可以基于统计学方法、机器学习算法等技术手段，对未来一段时间内的生产需求进行预测和预测，并不断优化模型的准确性和可靠性。一旦获得了生产需求的预测结果，人工智能系统就可以根据这些结果对生产参数和资源配置进行自动调整。例如，当预测到需求高峰期即将到来时，系统可以自动增加产能，调整生产线的工作速度，以满足客户的需求。反之，当预测到需求低谷期或市场变化时，系统可以自动减少产能，调整生产计划，避免过剩生产和资源浪费。

这种基于人工智能技术的生产需求预测和调整能力，为企业带来了诸多优势。首先，能够更加准确地预测和预测生产需求，降低了生产计划的不确定性和风险，提高了生产计划的执行效率。其次，能够及时调整生产参数和资源配置，使得生产过程更加灵活和高效，降低了生产成本和资源消耗。最重要的是，能够更好地满足客户的需求，提高客户满意度和忠诚度，增强企业的竞争力和市场地位。人工智能技术在生产需求预测和调整方面具有重要意义。通过学习和分析大量的历史数据和实时数据，建立预测模型，系统能够准确预测未来的生产需求，并根据这些预测结果自动调整生产参数和资源配置，以适应市场变化和生产需求的变动。这种技术的应用为企业带来了诸多好处，提高了生产效率和客户满意度，促进了企业的可持续发展。

（二）在电气自动化控制中应用人工智能技术的基本路径

1. 在电气自动化设备中应用

电气自动化设备是电气自动化控制的关键，而应用人工智能技术可以进一步提升设备的智能化水平，实现高效自动化控制。通过传感器和数据采集技术，可以实时监测电气设备的运行状态、温度、振动等参数。结合人工智能算法，如机器学习和深度学习，对监测数据进行分析和处理，实现设备故障的预测和预警。此外，利用人工智能技术对电气设备的控制策略进行优化，是提高设备性能和效率的关键。

传感器和数据采集技术的应用使得电气自动化设备能够实时监测各种参数。传感器可以监测设备的运行状态、温度、振动等关键参数，将这些数据采集并传输至人工智能系统进行分析和处理。这种实时监测能够帮助及早发现设备运行异常或故障的迹象，有助于及时采取预防措施，避免设备故障对生产造成严重影响。结合人工智能算法，特别是机器学习和深度学习技术，对监测数据进行分析和处理，可以实现设备故障的预测和预警。通过对历史数据的学习和模式识别，人工智能系统可以发现设备故障的潜在规律和特征，进而预测设备未来可能出现的故障情况。一旦发现异常情况，系统就能够及时发出预警信号，通知相关人员进行检修和维护，避免故障进一步恶化。利用人工智能技术对电气设备的控制策略进行优化，也是提高设备性能和效率的关键。通过对设备运行数据的分析和模拟，人工智能系统可以不断调整设备的控制参数和运行策略，以实现最佳的工作状态和性能。例如，在能源消耗方面，系统可以根据实时的能源需求和成本，优化设备的运行模式和节能策略，从而降低能源消耗和生产成本。应用人工智能技术可以进一步提升电气自动化设备的智能化水平，实现高效自动化控制。通过传感器和数据采集技术实现对设备运行状态的实时监测，结合机器学习和深度学习等人工智能算法实现设备故障的预测和预警，并利用优化控制策略提高设备性能和效率。这些技术的应用不仅可以提高生产效率和质量，还可以降低设备维护成本和停机时间，推动电气自动化领域的发展和进步。

2. 在电气控制过程中应用

在电气控制过程中，人工智能技术的应用能够实现智能化的控制和决策，从而提高控制精度和反应速度。人工智能通过机器学习和深度学习等技术，建立电气控制系统的模型和算法，再进行训练和学习历史数据，从而理解系统的动态特性和非线性关系，并自动调整控制参数以实现精确的过程控制。

人工智能技术可以利用机器学习和深度学习等方法建立电气控制系统的模型和算法。通过对历史数据的学习和分析，系统能够理解电气控制系统中的复杂动态特性和非线性关系。这些模型和算法可以捕捉到系统的隐含规律和变化趋势，为后续的控制和决策提供基础。人工智能技术能够利用历史数据进行训练和学习，从而不断优化电气控制系统的性能。通过与历史数据的比对和分析，系统可以不断改进自身的模型和算法，提高对系统状态的识别和预测能力。这种自我学习和优化的能力使得电气控制系统能够适应不断变化的工作环境和需求，保持高水平的控制精度和反应速度。人工智能技术可以自动调整控制参数，实现精确的过程控制。通过实时监测系统状态和环境变化，人工智能系统可以根据预先学习的模型和算法，自动调整控制参数以实现最优的控制效果。这种自动化的调整过程不仅能够提高控制精度，还能够减少人为干预的需求，提高系统的反应速度和稳定性。人工智能技术在电气控制过程中的应用能够实现智能化的控制和决策，从而提高控制精度和反应速度。通过建立系统模型和算法，利用历史数据进行训练和学习，以及自动调整控制参数，人工智能系统能够理解和适应系统的动态特性和变化趋势，从而实现精确的过程控制。这种技术的应用将为电气控制领域带来更高效、智能的解决方案，推动电气自动化技术的发展和应用。

3. 在电气常规操作中应用

要在电气系统操作中应用人工智能技术的优势，通过自然语言处理技术实现人员与电气系统之间的自然语言交互，从而大大简化操作流程，提高操作的便捷性和效率。工作人员能够使用语音或文本与系统进行沟通和指导，减少对专业知识的依赖。同时，应用计算机视觉技术对电气系统进行图像识别和处理，提供更直观、准确的信息，从而辅助操作人员进行操作和判断。另外，还需利用人工智能技术提供智能化的辅助决策工具，帮助操作人员进行操作和决策。通过机器学习算法对电气设备的运行数据进行分析和评估，为维护人员提供维护建议和预防措施。

自然语言处理技术的应用可以让操作人员通过语音或文本与电气系统进行交互。这种自然语言交互方式大大简化了操作流程，使得操作更加直观和便捷。工作人员无需深入了解系统的技术细节，只需简单地用自然语言表达自己的需求或指令，系统就能够理解并执行相应的操作，提高了操作的效率和用户体验。计算机视觉技术的应用可以对电气系统进行图像识别和处理。通过摄像头或其他视觉设备采集电气系统的图像信息，系统可以对设备状态、运行情况等进行实时监测和分析，并提供直观、准确的信息给操作人员。这种图像识别技术能够帮助操作人员快速了解设备的状态，辅助其进行操作和判断，提高了操作的准确性和效率。人工智能技术还可以提供智能化的辅助决策工具。通过机器学习算法对电气设备的运行数据进行分析和评估，系统可以提供维护人员所需的维护建议和预防措施。这种智能化的辅助决策工具能够帮助操作人员更好地理解设备运行状态，及时发现潜在问题并采取相应的措施，降低了维护风险和成本，提高了系统的可靠性和稳定性。应用人工智能技术的优势在于通过自然语言处理技术实现人员与电气系统之间的自然语言交互，通过计算机视觉技术提供更直观、准确的信息，以及通过智能化的辅助决策工具帮助操作人员进行操作和决策。这些技术的应用能够大大简化操作流程，提高操作的便捷性和效率，从而推动电气系统操作的智能化和自动化发展。

二、电气控制方式的网络化发展趋势

（一）物联网（IoT）技术应用

物联网技术的发展使得各种电气设备可以通过互联网连接到一起，实现远程监测和控制。通过传感器和智能设备，可以实时获取电气设备的状态信息，并通过云平台进行数据处理和分析，实现智能化的电气控制。

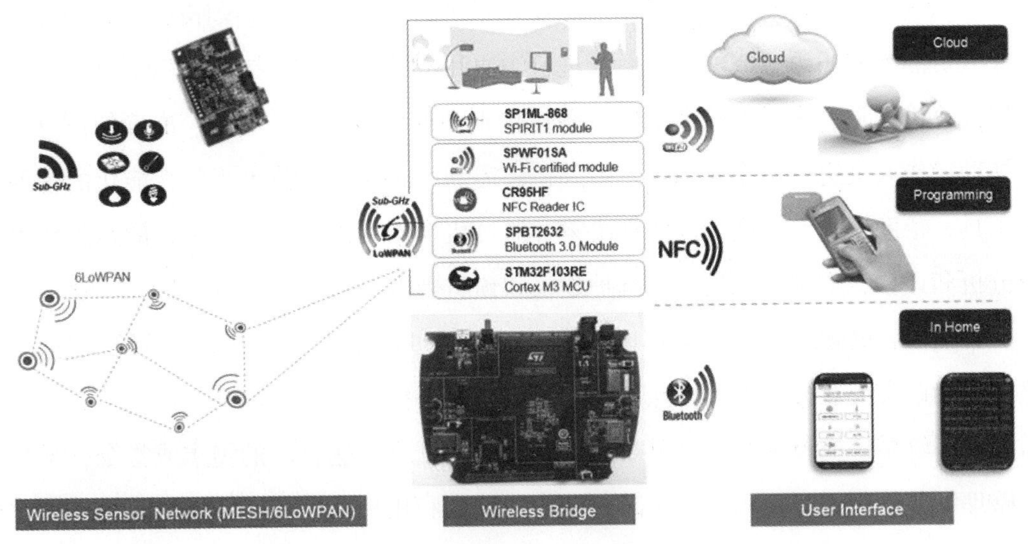

图 18　物联网（IoT）技术

物联网技术通过连接电气设备到互联网，实现了设备之间的实时通信和数据交换。传感器和智能设备能够实时监测电气设备的状态参数，如温度、湿度、电流等，并将这些数据传输到云平台上进行存储和处理。这种远程监测功能使得用户可以随时随地通过网络查看设备的运行状态，及时发现问题并采取相应的措施。通过云平台进行数据处理和分析，可以实现对电气设备的智能化控制。云平台可以对大量的数据进行存储、管理和分析，利用数据挖掘和机器学习等技术，从海量数据中提取有用信息和规律。例如，可以通过分析历史数据，预测设备可能出现的故障，并提前采取预防措施，以降低设备故障风险。另外，还可以通过设定阈值和规则，实现对设备状态的自动监控和报警，及时通知相关人员处理异常情况。物联网技术还能实现电气设备之间的协同工作和智能化控制。通过设定联动规则和逻辑，不同的电气设备之间可以实现信息交换和相互控制，以实现整体系统的智能化调度和优化。例如，可以根据不同设备的运行状态和能耗情况，动态调整系统参数，提高系统的能源利用效率和运行稳定性。物联网技术的发展为电气设备的智能化控制提供了新的可能性。通过连接设备到互联网，实现远程监测和控制；通过云平台进行数据处理和分析，实现智能化的故障预测和报警；以及通过设备之间的协同工作，实现系统的智能化调度和优化。这些技术的应用将为电气设备的运行管理和维护带来更大的便利性和效率提升。

（二）工业互联网应用

工业互联网是将物联网技术应用于工业领域的一种趋势，它正在改变着传统工厂的生产方式和管理模式。通过工业互联网平台，可以实现工厂内各种电气设备和控制系统的连接和集成，实现设备之间的协同工作和数据共享，从而提高生产效率和质量。

工业互联网实现了设备之间的连接和集成。传统的工厂设备通常是独立运行的，各自为政，缺乏有效的信息交流和协同工作。而通过工业互联网技术，可以将各种电气设备和控制系统连接到同一网络平台上，实现实时数据的收集、传输和共享。这样一来，工厂内的设备之间就能够实现信息互通、数据交换，实现更加智能化的生产管理和控制。工业互联网平台能够实现设备之间的协同工作。通过实时监测和分析各种设备的运行状态和生产数据，工业互联网平台可以根据生产需求和资源状况，实现设备之间的智能调度和协同工作。例如，在生产线上，各个工序之间的设备可以根据生产计划和产品需求自动调整运行速度和生产节奏，实现生产过程的优化和高效。工业互联网平台还能够实现生产数据的集中管理和分析。通过云计算和大数据技术，工业互联网平台可以对大量的生产数据进行实时收集、存储和分析，从而为生产决策提供数据支持和科学依据。生产管理人员可以通过工业互联网平台实时了解生产线的运行情况和生产指标，及时发现问题并进行调整，提高生产效率和质量。工业互联网平台还能够实现生产过程的可视化管理。通过数据可视化技术，工业互联网平台可以将生产数据以图表、曲线等形式直观地展示出来，让生产管理人员能够清晰地了解生产过程的各个环节，及时发现异常情况并进行处理。这种可视化管理方式能够提高管理人员对生产过程的掌控能力，促进生产效率和质量的持续提升。工业互联网是一种将物联网技术应用于工业领域的重要趋势。通过工业互联网平台，可以实现工厂内各种电气设备和控制系统的连接和集成，实现设备之间的协同工作和数据共享，从而提高生产效率和质量，推动工业制造的智能化和信息化发展。。

（三）云计算和边缘计算技术应用

云计算和边缘计算技术为电气控制系统提供了强大的数据处理和存储能力，极大地促进了电气控制系统的智能化和效率提升。云计算平台为电气控制系统提供了强大的数据处理和分析能力。通过将数据存储在云端服务器上，电气控制系统可以利用云计算平台进行大规模数据的实时处理和分析。这意味着系统可以处理来自各种传感器和设备的大量数据，实时监测和分析设备的运行状态和环境变化，从而及时做出调整和决策。例如，在智能电网中，云计算平台可以对电网的数据进行实时监测和分析，预测未来的电力需求，并根据需求调整电力分配和调度策略，提高电力系统的效率和稳定性。边缘计算技术可以实现对数据的本地处理和存储，减少数据传输延迟，提高响应速度。边缘计算技术通过在设备或传感器附近部署计算资源，将数据的处理和分析任务从云端转移到本地，使得数据可以在接近数据源的地方进行处理和存储，而不需要将数据传输到远程的云端服务器上。这样一来，系统可以更快地响应设备的状态变化和环境变化，实现更加实时和精准的控制。例如，在工业自动化中，边缘计算技术可以实现对生产线上的设备数据的实时监测和分析，从而及时发现并解决生产过程中的问题，提高生产效率和质量。

云计算和边缘计算技术为电气控制系统提供了强大的数据处理和存储能力，极大地促进了电气控制系统的智能化和效率提升。通过利用云计算平台进行大规模数据的实时处理和分析，以及通过边缘计算技术实现对数据的本地处理和存储，系统可以更加及时地监测和响应设备的状态变化和环境变化，实现更加智能和高效的电气控制。

（四）5G 通信技术的应用

5G 通信技术的发展将为电气控制系统提供更快、更稳定的数据传输通道，极大地促进了电气控制系统的网络化和智能化发展。5G 网络具有更高的传输速率和更低的延迟。相比于之前的通信技术，5G 网络可以提供更高的数据传输速率和更低的传输延迟。这意味着电气控制系统可以更快地实现对设备状态和环境变化的监测和响应。例如，在工业自动化领域，通过 5G 网络，工厂可以实现对生产设备的高速监测和控制，实现更加实时和精准的生产管理。5G 网络具有更大的容量和更好的网络覆盖。由于 5G 网络采用了更高频段的信号，因此具有更大的频谱资源和更高的网络容量。同时，5G 网络还可以实现更广泛的网络覆盖，覆盖范围更广，信号质量更稳定。这意味着电气控制系统可以实现更加稳定和可靠的远程监测和控制。例如，在智能电网中，通过 5G 网络，电力系统可以实现对各个节点的远程监测和控制，实现更加智能化和高效的电力管理。5G 网络还具有更好的网络安全性和隐私保护。由于 5G 网络采用了更加先进的加密和认证技术，因此具有更高的网络安全性，能够有效防止网络攻击和数据泄露。同时，5G 网络还可以实现对用户数据的隐私保护，保护用户的个人隐私信息不被泄露。这意味着电气控制系统可以更加安全地进行远程监测和控制，保障系统的稳定运行和数据安全。5G 通信技术的发展将为电气控制系统提供更快、更稳定的数据传输通道，极大地促进了电气控制系统的网络化和智能化发展。通过 5G 网络，电气控制系统可以实现更加快速、可靠和安全的远程监测和控制，为各个领域的智能化和自动化提供了强大的技术支持。

图 19 5G 通信技术

（五）安全性和隐私保护的增强

随着电气控制系统的网络化程度不断提高，安全性和隐私保护变得越来越重要。未来的电气控制系统将加强对数据的加密和安全传输，以及对用户隐私的保护，确保系统的安全性和可靠性。

数据加密和安全传输将成为电气控制系统的基本要求。随着数据在网络中的传输和交换，数据安全性面临着越来越多的挑战，如数据泄露、篡改、劫持等安全威胁。因此，未来的电气控制系统将采用更加先进的加密算法和安全传输协议，对数据进行端到端的加密保护，确保数据在传输过程中的安全性和完整性。这可以通过对数据进行加密、数字签名、安全通道等技术手段来实现，以防止数据被非法获取和篡改，保障系统的安全运行。用户隐私保护将成为电气控制系统设计的重要考量。随着电气控制系统的网络化和智能化，系统涉及的用户信息和隐私数据也越来越多，如用户的个人身份信息、设备使用记录等。因此，未来的电气控制系统将加强对用户隐私的保护，严格遵守相关的隐私法律法规和标准，明确用户数据的收集和使用目的，并采取有效的技术和管理措施，保护用户隐私不被滥用和泄露。例如，可以采用匿名化处理、数据脱敏等技术手段，对用户数据进行隐私保护，同时建立健全的隐私保护制度和机制，加强对用户隐私的管理和监督。电气控制系统还需要建立完善的安全管理体系和应急响应机制，及时应对各种安全威胁和事件。这包括建立健全的安全策略和规范、加强安全意识教育和培训、建立安全监测和审计机制、建立应急响应和处置机制等，以提高系统对安全事件的识别、预防、应对和处置能力，保障系统的安全性和稳定性。随着电气控制系统的网络化程度提高，安全性和隐私保护变得越来越重要。未来的电气控制系统将加强对数据的加密和安全传输，以及对用户隐私的保护，确保系统的安全性和可靠性。这需要系统设计者和管理者共同努力，加强技术研究和创新，建立完善的安全管理体系和应急响应机制，为电气控制系统的安全发展提供坚实保障。

第二节　集成化与模块化

一、电气控制方式的集成化发展趋势

（一）集成控制平台

集成控制平台是将不同类型的电气控制设备和系统集成到一个统一的平台中，实现对多种设备的统一监控和控制。这样的平台可以提高设备之间的互操作性，降低系

统的复杂性，提高系统的可管理性和可扩展性。

集成控制平台整合了各种电气控制设备和系统，统一了设备之间的通信和数据交换标准。传统的电气控制系统往往由各种不同品牌和类型的设备组成，各设备之间的通信协议和数据格式不一致，导致系统集成和管理困难。而集成控制平台通过统一的通信协议和数据接口，实现了设备之间的互联互通，实现了设备之间的统一监控和控制。集成控制平台可以降低系统的复杂性，提高系统的可管理性。传统的电气控制系统往往由多个独立运行的子系统组成，每个子系统都有自己的监控和控制界面，管理人员需要分别对每个子系统进行监控和管理。而集成控制平台将各个子系统整合到一个统一的平台中，提供了统一的监控和控制界面，管理人员可以通过一个界面实现对所有设备的集中监控和管理，大大提高了系统的可管理性。集成控制平台还提高了系统的可扩展性和灵活性。传统的电气控制系统往往由于设备之间的差异性和通信协议的限制，扩展新的设备和功能往往比较困难。而集成控制平台采用开放式的架构和标准化的接口，可以方便地集成新的设备和功能模块，实现系统的快速扩展和升级，满足不断变化的需求。集成控制平台是将不同类型的电气控制设备和系统集成到一个统一的平台中，实现对多种设备的统一监控和控制。这样的平台可以提高设备之间的互操作性，降低系统的复杂性，提高系统的可管理性和可扩展性，是未来电气控制系统发展的重要趋势。

（二）统一的数据通信协议

集成化的电气控制系统通常采用统一的数据通信协议，以实现不同设备之间的数据交换和通信。常见的数据通信协议包括 Modbus、OPC UA、MQTT 等，它们能够提供标准化的数据交换接口，方便不同厂家的设备进行通信和集成。

Modbus 是一种常用的串行通信协议，广泛应用于工业自动化领域。Modbus 协议简单易懂，具有良好的可靠性和稳定性，能够实现设备之间的实时数据交换和控制。由于 Modbus 协议的开放性和通用性，许多厂家的设备都支持 Modbus 通信协议，因此在集成化的电气控制系统中，常常采用 Modbus 作为设备之间的数据通信标准。OPC UA（Open Platform Communications Unified Architecture）是一种面向工业自动化的开放式通信协议，具有强大的功能和灵活的架构，被广泛应用于工业控制和监控系统中。OPC UA 协议提供了统一的数据模型和安全机制，能够实现不同设备和系统之间的数据交换和通信，支持复杂的数据结构和面向服务的通信模式，因此在集成化的电气控制系统中，OPC UA 协议也是一个常见的选择。MQTT（Message Queuing Telemetry Transport）是一种轻量级的消息传输协议，特别适用于物联网和传感器网络等场景。MQTT 协议采用发布-订阅（Publish-Subscribe）的消息模式，具有简单、可靠、灵活的特点，能够实现设备之间的异步通信和消息传递。由于 MQTT 协议的灵活性和可扩展性，越来越多的电气控制设备和系统开始采用 MQTT 作为数据通信协议，在集成化的电气控制系统中也得到了广泛应用。Modbus、OPC UA、MQTT 等数据通信协议在集成化的电气控制系统中扮演着重要的角色。它们提供了标准化的数据交换接口，方便不同厂家的设备进行通信和集成，促进了电气控制系统的互操作性和集成化发展。随着电气控制系统的不断发展和普及，这些通信协议将继续发挥重要作用，推动电气控制技术的进步和应用。

（三）模块化设计

集成化的电气控制系统通常采用模块化设计，将系统划分为多个功能模块，每个模块负责特定的功能或任务。这样的设计可以降低系统的开发和维护成本，提高系统的灵活性和可扩展性。

模块化设计降低了系统的开发成本。将电气控制系统划分为多个功能模块后，可以将系统开发分解为多个相对独立的子任务，不同的开发团队可以并行开发不同的模块，提高了开发效率。此外，模块化设计还促进了代码重用，可以将一些通用的功能模块设计成可重用的组件，减少了重复开发的工作量，进一步降低了开发成本。模块化设计提高了系统的维护性。由于每个功能模块相对独立，系统的维护人员可以更容易地定位和修复特定模块的问题，而不会对整个系统造成影响。此外，当需要对系统进行升级或扩展时，也可以只修改或添加特定的模块，而不必对整个系统进行修改，减少了维护的复杂性和风险。模块化设计提高了系统的灵活性和可扩展性。由于系统的各个功能模块相对独立，因此可以根据需求灵活地组合和配置不同的模块，实现定制化的系统解决方案。此外，当系统需要扩展功能或支持新的设备时，可以通过添加新的模块来实现，而不会对原有系统产生影响，提高了系统的可扩展性。模块化设计还提高了系统的可靠性和稳定性。由于每个功能模块相对独立，模块之间的耦合度较低，因此当某个模块出现问题时，不会影响到其他模块的正常运行，从而提高了系统的容错性和稳定性。

模块化设计是集成化的电气控制系统的重要设计原则之一。通过将系统划分为多个功能模块，可以降低系统的开发和维护成本，提高系统的灵活性和可扩展性，提高系统的可靠性和稳定性。随着电气控制技术的不断发展，模块化设计将继续发挥重要作用，推动集成化电气控制系统的发展和应用。

（四）智能化功能集成

集成化的电气控制系统通常集成了各种智能化功能，如数据分析、人工智能、机器学习等。通过对数据的实时分析和处理，可以实现系统的智能优化和自适应控制，提高系统的效率和性能。

数据分析是集成化电气控制系统中的关键功能之一。通过对传感器数据、设备运行数据等大量数据的实时分析，系统可以了解当前系统的运行状态和性能指标。基于这些数据分析结果，系统可以及时发现潜在问题或异常情况，并采取相应的措施进行调整和优化，从而提高系统的稳定性和可靠性。人工智能技术在集成化电气控制系统中的应用日益广泛。通过机器学习和深度学习等人工智能技术，系统可以从大量历史数据中学习和归纳规律，形成知识和经验。在系统运行过程中，人工智能可以根据实时数据和学习到的知识，自动调整控制参数和策略，实现智能化的控制和优化。例如，在能源管理系统中，人工智能可以根据历史能源消耗数据和外部环境数据，预测未来能源需求，进而优化能源供应和调度策略，提高能源利用效率。机器学习技术也可以应用于故障诊断和预测。通过对设备运行数据进行监测和分析，系统可以识别出设备运行中的异常情况，并预测可能发生的故障。这样，系统可以提前采取维护措施，减少故障带来的停机时间和生产损失，提高系统的可靠性和稳定性。

集成化的电气控制系统通过集成各种智能化功能，如数据分析、人工智能、机器学习等，实现了系统的智能化优化和自适应控制。通过对数据的实时分析和处理，系统可以及时发现问题和优化机会，并采取相应的措施，提高系统的效率和性能，满足不断变化的需求和挑战。随着智能技术的不断发展和应用，集成化的电气控制系统将在未来发挥更加重要的作用，推动电气控制技术的进步和创新。

（五）云端集成服务

集成化的电气控制系统通常将部分功能或数据存储在云端，以实现远程监控、远程维护和数据共享。云端集成服务可以提供更强大的数据存储和处理能力，同时也可以实现对系统的远程访问和控制，提高系统的灵活性和可靠性。

将部分功能或数据存储在云端可以实现远程监控和远程管理。通过云端存储，用户可以通过网络远程访问系统的数据和功能，实时监控设备运行状态、数据指标等信息，远程调整系统参数和控制设备，从而实现远程监控和远程管理。这种远程访问和控制功能大大提高了系统的灵活性和可操作性，使用户可以随时随地监控和管理电气设备。云端集成服务可以提供更强大的数据存储和处理能力。云端平台通常具有高性能的服务器和大容量的存储设备，可以存储大量的数据，并提供快速的数据处理和分析能力。这样，系统可以将海量的数据存储在云端，利用云端平台强大的计算资源进行数据分析和处理，实现更深入、更全面的数据分析，为系统优化和决策提供更可靠的支持。云端集成服务还可以实现数据共享和协同工作。通过将数据存储在云端，不同地点和部门的用户可以共享同一份数据，并进行协同工作。这种数据共享和协同工作机制可以提高团队间的合作效率，避免数据的重复采集和存储，提高数据的一致性和准确性，从而进一步提高系统的可靠性和效率。将部分功能或数据存储在云端还可以提高系统的可靠性。云端平台通常具有多重备份和容灾机制，能够保证数据的安全性和可靠性。即使出现本地系统故障或数据丢失的情况，云端存储的数据仍然可以保持完整，并且可以通过备份和恢复机制快速恢复系统功能，确保系统的稳定运行。将部分功能或数据存储在云端是集成化的电气控制系统中的一种常见做法。通过云端集成服务，可以实现远程监控、远程维护和数据共享，提高系统的灵活性和可靠性，为系统的运行和管理提供更加便利和高效的解决方案。随着云计算技术的不断发展和普及，云端集成服务将在集成化的电气控制系统中发挥越来越重要的作用，推动系统的进一步智能化和优化。

二、电气控制方式的模块化发展趋势

（一）电气控制方式的模块化

机电一体化是当今社会发展的重要组成部分，它将机械、电子、计算机等多种技术融合在一起，使工业生产力得到了极大的提升，为整个行业带来了便利和效益。然而，要进一步提升电气控制的使用效益与成效，需要从实际出发，通过对装置的主要技术和调试方法进行革新，确定其安装技术，加强现有技术。

针对机电一体化系统，必须不断革新主要技术和调试方法。随着科技的不断进步，电气控制技术也在不断更新换代。因此，必须密切关注最新的技术发展动态，采用先进的技术手段来设计和实现电气控制系统，以确保系统具备更高的性能和可靠性。确定合适的安装技术对于电气控制系统的运行至关重要。良好的安装技术能够确保设备的正常运行和稳定性，降低故障发生的可能性。因此，在安装电气控制系统时，需要严格按照技术规范和操作手册进行操作，确保每个组件都被正确安装并连接。加强现有技术也是提升电气控制系统效益的重要途径。通过不断学习和培训，提高工作人员的技术水平和操作能力，能够更好地理解和应用电气控制技术，从而更加高效地运行和维护机电一体化系统。在经济性方面，虽然一条全自动的生产线需要投入大量资金，但这也是一项长远的投资。随着自动化水平的提高，虽然成本会随之增加，但相应的效益也会增加。自动化生产线能够提高生产效率和产品质量，降低人力成本和生产周期，从长远来看，能够为企业带来更大的经济效益。在品质方面，良好的电器结构是保障机电一体化系统稳定运行的关键。稳定的电气控制系统能够保证设备平稳运转，避免因电气问题而导致的生产中断或质量问题，从而保证产品的品质和生产效率。要使电气控制的使用效益与成效得到进一步提升，需要不断革新技术和方法，确保安装技术的正确性，加强现有技术水平，同时在经济性和品质方面保持平衡，以实现机电一体化系统的稳定运行和经济效益的最大化。

1. 在电气控制系统中采用模块化结构

在电气控制系统中采用模块化结构，可以极大地简化整体的设计过程，并显著缩短设计周期。通过对标准化的模块进行界定，设计人员能够避免从零开始设计，有效降低了设计的困难程度，从而减少了设计费用的支出。过去的实践经验表明，电气控制电路的结构通常由各种不同的模块组成，而这些模块的设计和安排，则是基于多个工程项目的经验积累而来。这些模块在不断的实践中不断被优化，其稳定性和可靠性得到了充分验证，可以最大程度地确保生产的稳定性，进而改善自动化流水线的电气控制品质。在实际设计过程中，采用通用的牌子的电气控制器是一种常见的做法。这样做不仅可以降低成本，还能够为日后的升级改造留出空间，使得系统更具有灵活性和可扩展性。此外，在进行模块化设计的过程中，选择广泛适用的软件或具有高实用性的软件模块也是非常重要的。这些软件工具可以为电气控制系统的编程和开发提供良好的条件，使得系统的控制逻辑更加清晰，运行更加稳定。采用模块化结构是电气控制系统设计的一种有效策略，能够简化设计过程、降低成本、提高稳定性，并为系统的升级和扩展提供了便利。在实际设计中，选择通用的电气控制器和适用的软件工具是至关重要的，这将有助于确保系统的性能和功能达到预期水平，满足生产需求，并为未来的发展提供更多的可能性。

2. 电气控制设计中的模块化控制理念

随着国际和国内工业的快速发展，企业面临着诸多挑战，如资源、环境和人力成本等因素的影响，以及日益激烈的市场竞争。因此，许多公司都在加大自动化技术的应用，以提高生产效率、整体性和可靠性，从而为客户创造更多的利益，降低成本，稳固市场地位。

在机械电气控制系统的设计中，可靠性、智能化和节能是三个重要方面。在可靠性方面，重点关注变频、微电子和 DCS（分散控制系统）等技术。这些技术能够有效保证生产机械的正常运行。例如，通过变频技术控制电机的转速和运行状态，可以实现精准控制，提高设备运行的稳定性和可靠性。而微电子技术的应用则可以提升系统的集成度和性能，减少故障点，从而提高系统的可靠性。另外，DCS 系统的采用可以将控制功能分布在各个子系统中，提高系统的灵活性和可维护性，降低整体系统故障的风险。在智能化方面，随着人工智能和大数据技术的发展，智能电气控制系统越来越受到重视。通过智能化技术的应用，可以实现对生产过程的自动化监测、故障预测和智能优化。例如，利用大数据分析技术对生产数据进行实时监测和分析，可以及时发现潜在的故障隐患，预测设备的维护周期，提高设备的利用率和生产效率。在节能方面，电力控制的成本较高，因此节能是一个不可忽视的问题。通过采用高效的电气控制设备和节能技术，可以降低能源消耗，减少生产成本。例如，采用能耗监测系统实时监测电气设备的能耗情况，通过优化控制策略和设备运行参数，降低能源的浪费，实现节能目标。机械电气控制系统设计需要在可靠性、智能化和节能方面全面考虑，不断引入先进技术和方法，提高系统的稳定性、智能化水平和能源利用效率，以适应市场的需求和挑战。

（二）电气控制设计中的模块化控制实例

1. 实例概述

在模块化设计的角度看，某型号水平车床的电气控制系统可以划分为三个主要模块，分别对应于车床上的三个电动机：M1、M2 和 M3。每个电动机都具有不同的功能和特点，需要在设计中考虑到其独特的控制需求。

电机 M1 是水平车床的主工作电机，负责驱动主轴和刀片的送料。这个电机需要具备精确、迅速地定位的能力，以便进行加工调节。此外，它还需要具备点动功能，即能够以微小的步进进行移动，从而实现对工件的精准加工。为了实现这些功能，M1 电机的控制系统需要具备高精度的位置控制和速度控制功能，以确保主轴和刀片的准确定位和送料。同时，为了保证系统的安全性和可靠性，M1 电机还应该配备过载保护、电流限制保护和短路保护等安全功能，以防止意外情况的发生。电机 M2 是用于单向持续操作的控制器，需要随时进行启动和停止操作。这种电机通常用于辅助功能或辅助设备的控制，如润滑系统、冷却系统等。与 M1 电机不同，M2 电机的控制方式更加简单，主要需要实现基本的启停控制和速度调节功能。但同样需要考虑到系统的安全性和可靠性，因此也需要配备相应的安全保护功能，以确保操作的安全进行。电机 M3 的功能和控制要求可能会根据具体的车床配置而有所不同。在某些情况下，M3 电机可能用于辅助送料或其他特殊功能，其控制方式和保护要求也会相应调整。对于某型号水平车床的电气控制系统，模块化设计可以有效地将不同功能和需求进行分离，使得系统更加灵活、可扩展。每个电机模块都应根据其功能和特点进行设计和控制，同时需要考虑到系统的整体安全性和可靠性，以保证车床的正常运行和操作安全。

2. 电气控制设计中的模块化控制实例设计

（1）安全设计

在电气控制系统的设计阶段，安全保护设计至关重要。采用保险丝进行短路防护是一种常见的安全措施。在某型号机床的设计中，主电路与控制电路均采用保险丝，如主电路、起动指示灯电路和控制电路，以实现对短路的防护。此外，过负荷防护通常采用热敏继电器，在有负荷和负荷长期工作的情况下，设置相应的过载保护是必要的。比如，在某型号车床的电动机 M1 和 M2 主回路中使用了热继电器，以实现对过负荷的保护。在电路的工作状态下，还可以加入一些比较有危险性的情况来进行防护。例如，在主回路的设计中，触点KM3负责对电流限制电阻器R的存取和截断。电流限制电阻器R的作用是避免在起动时持续起动电流引起马达过负荷，并降低马达M1在刹车时的刹车电流。这种特殊情况的考虑需要通过持续的实践积累和经验总结来完善。对于高精度的电子器件，可以采用低电压的方式来保证其工作的顺利进行。因此，在进行电气控制示意图的编制时，应以确保装置及操作者的人身安全为第一要务。通过以上安全设计措施，可以有效地保障电气控制系统的安全性和可靠性，确保设备在工作过程中不会发生意外事故，保护工作人员的安全。在电气控制系统的设计中，还需要考虑到设备的高精度和高性能要求。为了确保电子器件的稳定运行，可以采用低电压的方式来降低其工作压力，从而提高其工作效率和寿命。

在实践中，不断积累并总结经验，特别是针对一些特殊情况进行风险评估和安全措施的设计，能够帮助提高电气控制系统的安全性和可靠性。例如，在设计电气控制示意图时，应该充分考虑到各种可能出现的危险情况，并采取相应的安全保护措施，如过载保护、短路保护等，以确保设备和操作者的安全。电气控制系统的安全设计至关重要，需要综合考虑各种因素，采取有效的措施保障系统的安全运行。通过合理的保护装置和安全控制策略，可以有效地防止意外事件的发生，保护设备和操作人员的安全。

（2）模块设计

在电气控制系统的设计中，模块化思想极大地提升了系统的可靠性，降低了设计的难度。模块化设计需要遵循电路的基本原理，并通过将系统划分为不同的功能模块来实现各个功能的设计。在模块化设计中，首先需要对电路的基本原理有所了解，这样才能更好地进行模块的设计。其次，需要设计每个模块的电路结构，确保各个模块之间的相互独立和协调配合。例如，在电气控制系统中，常见的功能模块包括调速控制、降压起动控制、刹车控制等，这些功能模块可以根据实际需求进行设计和调整。在模块化设计过程中，可以利用现有的模块来实现功能的快速组合。例如，交流接触器的绕组控制环路可以用作正向、可持续操作的控制器，而另一个绕组可以用作反向连续操作的控制器。这样的模块化设计能够简化系统的结构，提高设计的效率，并且便于后续的维护和升级。模块化设计是电气控制系统设计中的重要思想，通过将系统划分为不同的功能模块，并且利用现有的模块进行快速组合，可以有效地提升系统的可靠性和灵活性。

(3) 设计分析

在电气控制系统的设计中，设计分析是至关重要的一环。主线路的整体设计包括了保护继电器的结合，以实现各种保护功能，如相序保护、过电压保护、失电压保护、三相不均衡保护和断相保护等。在设计过程中，重点考虑了电气装置的输入端的防护以及运行中主电路的模块化防护。

设计考虑了保护继电器的结合，以实现多种保护功能。例如，相序保护能够确保电气系统中的三相电流和电压的相序正确，防止相序错误引起的设备损坏。过电压保护能够在电压超过设定值时保护设备不受损坏，而失电压保护则能够在电压低于设定值时保护设备正常运行。此外，三相不均衡保护和断相保护也能够有效地保护设备免受不均衡电压和断相的影响。设计重点还在于电气装置输入端的防护和主电路模块化的防护。特别是在电力线路出现错误时，保护继电器能够及时发现并阻止错误信号传输，确保设备正常工作。例如，当保护继电器发现电力线路错误时，会通过防护功能使得主继电器无法吸合，从而保护设备免受错误连接的影响。这种设计不仅提高了设备的安全性，也减少了设备损坏的可能性。为了防止因误接其他电源而引起的电气设备故障，设计还考虑了参数的一致性。通过确保电流、电压等参数一致，能够有效地防止因参数不一致而引起的设备故障。因此，在设计过程中，需要特别关注各个电气设备之间的参数一致性，采取相应的措施确保设备正常运行。设计分析是电气控制系统设计中的关键环节，通过综合考虑各种保护功能和防护措施，能够有效地保护设备免受各种错误和故障的影响，确保系统的稳定运行和设备的安全性。

(4) 综合分析

在电气控制电路中，主线路的控制部分涵盖了多种控制方式，为电气控制系统的灵活运行提供了丰富的功能。这些控制方式包括了三相交流电动机的点动和连续控制。点动控制使得用户可以通过控制器逐步启动电机，从而准确定位和调整设备位置，而连续控制则实现了电机的持续运行，使其可以满足长时间工作的需求。正反转控制为用户提供了便捷的操作方式，能够实现电机的正转和反转，从而满足不同工艺或工作要求下的需要。顺序控制则是在电气控制系统中常见的一种控制方式，通过对不同设备或电路的顺序控制，实现了工艺流程的自动化运行，提高了生产效率和精度。电路中还包含了星三角降压起动控制，这是一种常见的电动机启动方式，通过降低电机的起动电流，减少了对电网的冲击，延长了设备的使用寿命。双速电动机控制为用户提供了在不同工况下切换电机转速的功能，能够根据实际需要进行灵活调节，提高了设备的适用范围和效率。这些控制方式的综合应用，使得电气控制系统在各种工况下都能够快速、安全地实现多种功能，同时，电路中还集成了漏电、欠压、过电压、相序等多种保护功能，确保了设备和人员的安全。这种综合分析和设计的电路，不仅具有多功能性和灵活性，而且在安全性和稳定性方面也有了充分的考虑，为电气控制系统的正常运行和长期稳定性提供了坚实的保障。

第三节　数据化与智能化

一、电气控制方式的数据化发展趋势

（一）大数据分析

随着传感器技术和数据采集技术的不断发展，电气控制系统能够实时采集大量的数据，其中包括设备的状态、电气参数、环境条件等各种信息。这些数据的获取为电气控制系统的运行提供了丰富的信息基础，同时也为系统的优化和改进提供了重要的数据支持。通过大数据分析技术，可以对这些数据进行深入挖掘和分析。首先，大数据分析可以帮助发现数据中的规律和模式。通过对历史数据和实时数据的分析，可以发现设备运行的周期性变化、故障的前兆信号以及环境因素对设备性能的影响等规律性信息，从而为电气控制系统的运行提供更深入的理解和把握。大数据分析还可以帮助识别异常情况和潜在问题。通过对数据的异常检测和异常分析，可以及时发现设备运行中的异常状态、故障现象或潜在风险，从而及时采取相应的措施进行修复或预防，保障电气控制系统的稳定运行。大数据分析还可以为系统的优化和改进提供数据支持。通过对数据的趋势分析和性能评估，可以发现系统存在的瓶颈和不足之处，进而针对性地进行改进和优化，提高系统的效率、稳定性和可靠性。例如，可以基于数据分析结果调整设备的工作参数、优化控制策略，从而实现能源的节约和设备的性能提升。大数据分析技术为电气控制系统的优化和改进提供了强大的数据支持。通过深入

挖掘和分析数据，可以发现隐藏在数据中的规律和模式，及时识别异常情况和潜在问题，并为系统的优化和改进提供科学依据，从而提高电气控制系统的运行效率和性能水平。

（二）实时监测与预测维护

基于数据化的电气控制系统具有实时监测和预测维护的优势，通过对设备数据的实时采集、分析和处理，实现了对设备运行状态的全面监测和预测维护的目标。实时监测是数据化电气控制系统的基础。传感器和数据采集设备实时收集设备运行的各种参数和状态信息，包括电流、电压、温度、振动等，这些数据被传输到中央控制系统进行实时监测和记录。通过对这些数据的持续监测，系统可以及时捕捉到设备运行中的任何异常情况或趋势变化。基于数据分析的预测维护使得系统能够提前发现潜在的故障迹象。利用机器学习算法和统计模型，系统对历史数据进行分析和学习，从中挖掘出与设备故障相关的特征和模式。当监测到当前数据与已学习模式相符时，系统可以预测到设备可能出现的故障，并发出警报或提醒维护人员进行检修。

预测性维护的实施有助于降低故障风险和维护成本。通过及时发现设备故障的迹象并采取预防性措施，可以避免因故障造成的生产中断和损失。此外，预测性维护可以使维护人员在故障发生前进行计划性的维护和修复，避免了突发故障对生产造成的影响，并降低了维护成本和维修时间。基于数据化的电气控制系统通过实时监测和预测维护，提高了设备的运行效率和可靠性，降低了故障风险和维护成本，为工业生产提供了可靠的保障和支持。

（三）智能优化调节

基基于数据化的电气控制系统具有智能优化调节的能力，通过实时采集的数据对系统进行自适应调节，从而提高系统的效率和性能。实时数据采集是智能优化调节的基础。传感器和监测设备实时采集各种参数和状态数据，如电流、电压、温度、湿度等，这些数据传输到中央控制系统进行实时监测和记录。这些数据提供了对系统运行状况的全面了解，为智能优化调节提供了必要的信息基础。通过对实时数据的分析和处理，系统可以实现智能化的优化控制。采用机器学习算法和数据分析技术，系统可以对历史数据进行学习和模式识别，从中挖掘出系统运行的规律和特征。基于这些分析结果，系统可以实现对系统参数、控制策略等方面的优化调节，以提高系统的效率和性能。智能优化调节使得系统能够根据实时变化的工作环境和需求进行自适应调节。例如，在能源管理系统中，系统可以根据电网负载情况和能源价格实时调整设备运行策略，以实现能源的高效利用和节约成本。在工业生产中，系统可以根据生产需求和设备状态自动调整生产参数，以提高生产效率和产品质量。智能优化调节还可以实现对系统的故障预测和预防性维护。通过对历史数据的分析，系统可以预测设备可能出现的故障，并提前采取措施进行修复，从而避免了突发故障对生产造成的影响。基于数据化的电气控制系统通过实时数据采集、分析和智能优化调节，实现了对系统的自适应调节，提高了系统的效率和性能，为工业生产提供了可靠的保障和支持。

（四）故障诊断与故障预测

数据化的电气控制系统利用机器学习和人工智能技术，能够对设备运行数据进行故障诊断和故障预测，从而提高系统的可靠性和稳定性。通过机器学习算法对历史数据进行学习和分析，系统可以建立设备的故障模型。通过监测设备运行状态、收集故障数据等，系统可以学习到不同故障模式对应的特征和规律。这些特征可能包括电流、电压的异常变化、设备振动频率的异常等。通过对这些特征进行分析，系统可以识别出不同类型的故障，并建立相应的故障模型。基于建立的故障模型，系统可以实现对设备未来可能出现的故障进行预测。通过监测实时数据，系统可以将当前数据与已建立的故障模型进行比对，从而判断设备是否存在潜在的故障风险。例如，如果系统检测到某些特征与已知的故障模式相符合，就可以预测设备可能会出现相应的故障。这种预测能力使得系统可以提前采取预防性措施，避免故障对生产造成不利影响。在实际应用中，数据化的电气控制系统可以应用于各种设备和系统，如工业生产线、能源管理系统等。通过对设备运行数据的持续监测和分析，系统可以不断优化自身的故障诊断和预测能力，提高系统的智能化水平和应对突发情况的能力。利用机器学习和人工智能技术进行故障诊断和预测，是数据化的电气控制系统的重要功能之一。这种技术的应用可以提高系统的可靠性和稳定性，降低故障风险，从而保障工业生产的正常运行。

（五）数据共享与协同优化

数据化的电气控制系统在实现数据的共享和协同优化方面发挥着重要作用。通过将设备数据共享给其他相关系统或部门，可以实现系统之间的协同优化和资源共享，从而提高系统整体的效率和协同性。

数据共享可以实现不同系统之间的信息互通。电气控制系统通过收集并处理设备运行数据，可以提供给其他相关系统或部门，如生产管理系统、质量管理系统等。这些系统可以根据设备数据进行生产计划的优化、质量控制的改进等决策，从而提高生产效率和产品质量。数据共享可以促进不同部门之间的协同工作。例如，生产部门可以将设备的生产数据共享给维护部门，使其能够及时了解设备的运行状态和维护需求，从而实现预防性维护和故障排除。同时，维护部门也可以将设备的维护记录和建议共享给生产部门，帮助其优化生产计划和生产流程。数据共享还可以实现资源的共享和利用。通过共享设备数据，可以避免重复采集和处理数据的工作，节省资源和时间成本。同时，不同部门之间可以共享设备的利用情况和产能信息，实现资源的合理配置和利用，最大化设备的利用率和生产效率。

在实际应用中，数据共享和协同优化可以应用于各种电气控制系统，如工业生产线、能源管理系统等。通过建立统一的数据共享平台和标准化的数据接口，可以实现不同系统之间的数据共享和协同优化，从而提高整个生产系统的效率和竞争力。数据化的电气控制系统通过实现数据的共享和协同优化，可以促进不同系统和部门之间的信息互通和资源共享，提高系统整体的效率和协同性，进而推动企业的发展和创新。

二、电气控制方式的智能化化发展趋势

智能化电气控制系统的发展倾向于集成化。随着技术的进步和应用场景的不断拓展，电气控制系统逐渐向集成化方向发展，即将传感器、执行器、控制器等各个部件集成到统一的平台上，实现设备之间的高效互联和数据共享。这种集成化的电气控制系统能够更好地满足多样化的控制需求，提高系统的整体性能和可管理性。智能化电气控制系统的发展趋势是数据化和云化。随着大数据和云计算技术的不断成熟和普及，电气控制系统越来越倾向于数据化和云化，即通过传感器实时采集设备数据，并

将数据上传至云端进行存储和分析，实现对设备状态的实时监测和预测维护。这种数据化和云化的电气控制系统能够为用户提供更智能化的服务和决策支持，提高系统的可靠性和安全性。智能化电气控制系统的发展趋势是自适应性和学习能力。为了应对复杂多变的工业环境和生产需求，电气控制系统越来越注重自适应性和学习能力，即通过机器学习和人工智能技术对大量的数据进行分析和学习，从而实现系统对环境变化和故障情况的自动调节和优化。这种自适应性和学习能力的电气控制系统能够更好地适应不同的工作条件和需求，提高系统的适用性和灵活性。智能化电气控制系统的发展趋势是网络化和远程化。随着物联网技术和 5G 通信技术的发展，电气控制系统越来越倾向于网络化和远程化，即通过网络实现设备之间的互联和远程监控，实现对设备的远程控制和管理。这种网络化和远程化的电气控制系统能够为用户提供更便捷和高效的服务，同时也能够提高系统的可靠性和安全性。电气控制方式的智能化发展趋势主要体现在集成化、数据化和云化、自适应性和学习能力、网络化和远程化等多个方面，这些趋势共同推动着电气控制系统向着更智能、更高效、更安全的方向发展。

第四节　绿色化与节能化

一、电气控制方式的绿色化发展趋势

（一）能源效率优化

采用先进的电气控制技术和节能设备是优化能源利用效率的重要手段。这些技术和设备的应用不仅可以降低能源消耗，还能提高系统的生产效率和环境友好性，从而实现可持续发展的目标。

采用高效电机是提高能源利用效率的关键。传统的电机在运行过程中存在能源损耗和效率不高的问题，而高效电机则采用先进的设计和制造技术，具有更高的能效和更低的能源消耗。例如，采用永磁同步电机和感应电机等高效电机替代传统的异步电机，可以显著降低能源损耗，提高系统的能源利用效率。变频调速器的应用也是提高能源利用效率的有效途径。传统的电气控制系统通常采用启停控制方式，无法根据实际需求灵活调节电机的转速和功率，导致能源浪费和效率低下。而变频调速器可以通过调整电机的供电频率和电压，实现电机转速的精确控制，使电机始终工作在最佳状态，从而降低能源消耗，提高系统的能源利用效率。能源回收装置的应用也可以有效提高系统的能源利用效率。在许多工业生产过程中，会产生大量的余热、余压等能量资源，如果这些能量资源得不到有效回收利用，将导致能源的浪费和环境的污染。而能源回收装置可以通过各种方式，如热能回收、压力能回收等，将废弃能源转化为可再利用的能源，从而提高系统的能源利用效率，减少能源消耗和环境压力。

通过采用先进的电气控制技术和节能设备，如高效电机、变频调速器、能源回收装置等，可以有效优化系统的能源利用效率，降低能源消耗，提高生产效率，实现可持续发展的目标。这些措施不仅可以减少能源开支，还可以提升企业的竞争力，为经济和环境双重效益做出积极贡献。

（二）可再生能源集成

将可再生能源集成到电气控制系统中是推动清洁能源发展和应对气候变化的重要举措。通过智能化的电气控制系统，可以实现对太阳能、风能、水能等可再生能源的有效利用和管理，从而提高系统的可再生能源比例，降低碳排放，实现可持续发展目标。

智能化的电气控制系统可以实现对可再生能源的实时监测。通过传感器和监测设备，系统可以实时获取太阳能光照强度、风能风速、水能水位等可再生能源的相关参数。这些数据将被传输到控制中心，进行实时监测和分析，以了解可再生能源的产生情况和潜在变化。智能化的电气控制系统可以实现对可再生能源的调度和控制。基于对实时监测数据的分析，系统可以制定相应的调度策略，灵活调整可再生能源的生产和供应。例如，在太阳能和风能供电系统中，系统可以根据天气预报和电力需求情况，调整光伏板和风力发电机的工作模式，以实现电力的稳定供应。智能化的电气控制系统还可以实现对可再生能源的智能管理。通过先进的控制算法和人工智能技术，系统可以根据历史数据和实时情况，优化可再生能源的利用效率。例如，系统可以通过学习和分析历史数据，预测未来的能源需求，并自动调整可再生能源的生产和利用，以最大限度地提高能源利用效率。通过智能化的电气控制系统，可以实现对可再生能源的实时监测、调度和控制，从而提高系统的可再生能源比例，降低碳排放，促进清洁能源的发展和应对气候变化。这将有助于推动能源结构的转型升级，实现经济、社会和环境的可持续发展。

（三）电能储存技术应用

电能储存技术是一种关键的能源管理手段，可以在能源供需不平衡时储存多余的电能，并在需要时释放出来供电，以平衡系统的负荷和能源供应，从而提高系统的稳定性和可靠性。其中，蓄电池和超级电容器是两种常见的电能储存设备。

蓄电池是一种常见的电能储存设备，通过将电能转化为化学能并储存在电池中。当系统需要额外的电能时，电池可以释放已储存的电能，以满足负载需求。蓄电池可以在短时间内释放大量电能，因此在应对突发负荷变化或停电时具有重要作用。此外，蓄电池还可以作为可再生能源系统的能量储备，将太阳能或风能等不稳定的能源储存起来，平滑输出电能，减少对传统能源的依赖。另一种常见的电能储存技术是超级电容器，它是一种能够快速充放电的电容器。超级电容器具有高功率密度和长循环寿命等优点，可以在短时间内迅速释放大量电能，并且可以进行数十万次循环充放电，因此适用于频繁的充放电循环。超级电容器通常用于平衡系统的瞬时负荷变化，提供短时高功率输出，以应对系统的快速需求变化。电能储存技术的应用可以大大提高能源利用效率，降低能源浪费，从而减少对传统能源的消耗和碳排放。通过合理配置和管理电能储存设备，可以优化系统的能源供应结构，提高系统的整体能源利用效率。此外，电能储存技术还可以提高系统的响应速度和稳定性，减少能源供应中断对生产和生活的影响，提高系统的可靠性和鲁棒性。采用电能储存技术可以有效平衡系统的负荷和能源供应，提高系统的稳定性和可靠性，同时减少对传统能源的依赖，促进清洁能源的发展和应对气候变化。随着技术的不断进步和应用的推广，电能储存技术将在未来能源系统中发挥更加重要的作用。

（四）智能调度与优化控制

智能化的电气控制系统为现代工业带来了巨大的优势，它通过利用先进的技术手段，如大数据分析、人工智能和机器学习等，实现了对系统的智能调度和优化控制，从而提高了系统的效率和性能。

大数据分析在智能电气控制系统中起着至关重要的作用。通过实时监测和采集系统运行的各种数据，如设备状态、电气参数、环境条件等，系统能够积累大量的数据资源。利用大数据分析技术，可以对这些数据进行深入挖掘和分析，发现其中的潜在规律和模式。这些数据分析的结果可以为系统的优化提供重要的参考，例如确定系统的高峰期和低谷期，预测设备运行状态的变化趋势等。人工智能和机器学习技术在智能电气控制系统中发挥着关键作用。通过对历史数据的学习和训练，人工智能系统可以建立模型来理解系统的动态特性和非线性关系。基于这些模型，系统可以实现智能化的调度和控制，优化能源调度和设备控制策略。例如，系统可以根据机器学习算法预测未来的能源需求，然后调整设备的运行状态和能源供应策略，以实现能源的高效利用，降低能源消耗。

智能化的电气控制系统还可以实现对系统运行状态的实时监测、分析和预测。通过实时采集和监测设备运行的数据，系统可以及时发现设备的异常情况和潜在故障，预测设备的维护需求，从而实现对设备的预防性维护，降低系统的故障风险和维护成本。这种实时监测和预测能力可以极大地提高系统的稳定性和可靠性，保障生产的连续性和可靠性。智能化的电气控制系统通过大数据分析、人工智能和机器学习等技术手段，实现了对系统的智能调度和优化控制。这种系统可以有效降低能源消耗，提高系统的效率和性能，为工业生产带来更高的效益和可持续发展。随着技术的不断进步和应用的推广，智能电气控制系统将在工业领域发挥越来越重要的作用。

（五）碳排放监测与减少

电气控制系统在实现对碳排放的监测和控制方面发挥着关键作用。通过采用碳排放监测设备和数据分析技术，系统可以对碳排放情况进行实时监测和分析，从而及时采取措施减少碳排放，降低对环境的影响，实现可持续发展的目标。

电气控制系统通过安装碳排放监测设备实现对碳排放的实时监测。这些监测设备可以安装在关键位置，如烟囱或排气口，实时监测系统排放的废气中的碳排放量。监测设备将实时采集的数据传输到系统中心，为后续的数据分析和处理提供基础。电气控制系统利用数据分析技术对碳排放数据进行深入分析。系统可以分析碳排放数据的变化趋势、季节性变化、异常波动等信息，以识别系统的碳排放模式和规律。通过对历史数据和实时数据的比对分析，系统可以发现排放异常或潜在的问题，并及时提出针对性的改善建议。在实现对碳排放的监测和分析的基础上，电气控制系统可以采取一系列措施来减少碳排放。例如，系统可以优化设备运行参数，提高设备的能效，减少能源消耗和碳排放。此外，系统还可以采用清洁能源替代传统能源，例如使用太阳能或风能发电，以降低系统的碳排放水平。电气控制系统可以通过智能化的控制策略实现对碳排放的进一步控制。系统可以根据实时监测的数据和分析结果，动态调整设备的运行状态和能源消耗，以最大程度地减少碳排放。例如，在能源高峰期，系统可以自动降低设备的运行功率，以减少碳排放；在能源低谷期，系统可以自动增加清洁能源的利用比例，进一步降低碳排放。电气控制系统通过采用碳排放监测设备和数据分析技术，实现对碳排放的实时监测和分析，并采取相应的措施减少碳排放，降低对环境的影响。这种系统能够有效地监控和控制碳排放水平，为实现低碳环保的目标作出重要贡献。

二、电气控制方式的节能化发展趋势

（一）高效设备应用

采用高效的电气设备和系统是实现能源节约和减少碳排放的重要途径之一。这些高效设备以其先进的设计和性能优势，为电气控制系统带来了显著的能源节约效益。

采用高效电机是降低能源消耗的关键一步。相较于传统的低效电机，高效电机在设计上采用了先进的技术和材料，使得其能耗更低、效率更高。例如，采用永磁同步电机或感应电机替代传统的异步电机，能够显著提高转换效率，从而降低系统的能源消耗。变频调速器的应用也可以有效减少能源浪费。传统的电气系统中，许多设备采用的是恒速运行模式，造成了能源的浪费。而采用变频调速器可以根据实际需要灵活调节电机的转速，使得设备运行在最佳效率点附近，从而降低能源消耗，提高系统的能效。节能照明系统的采用也是节能降耗的重要手段。传统的照明系统通常采用白炽灯或荧光灯等能耗较高的光源，而采用 LED 等节能照明设备可以实现更高的光效和更低的能耗。通过优化照明系统的设计和控制，可以有效降低照明能耗，进一步减少系统的总能源消耗。除了以上几种高效设备，还有一些其他的技术和措施也可以帮助降低系统的能源消耗。例如，采用高效的电力电子器件、优化系统的供电结构、改善系统的能源利用效率等。这些措施的综合应用，可以有效地减少能源浪费，提高系统的能效水平。采用高效的电气设备和系统是降低能源消耗、实现节能减排的有效途径。这些高效设备以其先进的设计和性能优势，为电气控制系统带来了显著的能源节约效益，为实现可持续发展目标作出了重要贡献。

（二）智能控制与调节

智能化的电气控制系统在设备运行状态的实时监测和调节方面发挥了重要作用，通过智能控制算法和传感器技术的应用，可以实现对设备的精准监测和动态调整，从而优化设备的运行参数，降低能源消耗，提高系统的效率和可持续性。

智能化的电气控制系统能够实现对设备运行状态的实时监测。通过安装在设备上的传感器，可以实时采集设备的运行数据，包括温度、压力、电流、电压等参数。这些数据经过采集后，会传输到控制系统中进行实时分析和处理，从而实现对设备运行状态的全面监测。通过监测设备的运行状态，可以及时发现异常情况，预防可能的故障发生，保障设备的安全稳定运行。智能化的电气控制系统能够根据实时监测到的设备运行状态进行动态调节。借助智能控制算法，系统可以根据设备的运行情况和外部环境的变化，自动调整设备的工作参数和控制策略，以实现最佳的运行效果。例如，在设备负载较大时，系统可以自动增加电机的输出功率，以确保设备的高效运行；而在负载较小时，系统则可以适当降低电机的功率，以节约能源并延长设备的使用寿命。智能化的电气控制系统还可以实现对设备运行参数的优化调节，以进一步降低能源消耗。通过对设备运行数据进行分析和建模，系统可以找出影响设备能效的关键因素，并优化控制策略以提高设备的能效。例如，通过调整设备的工作周期、频率、电压等参数，可以降低能源消耗并提高设备的运行效率，从而实现对设备运行参数的精准优化调节。智能化的电气控制系统通过实时监测和动态调节，优化设备的运行参数，能够有效降低能源消耗，提高系统的效率和可持续性。这种智能化的控制方式不仅能够保障设备的安全稳定运行，还能够为企业节约能源成本，促进能源资源的合理利用，符合可持续发展的要求。

（三）能源回收利用

能源回收装置和余热利用技术是提高能源利用效率、实现能源可持续利用的重要手段。在电气控制系统中，通过这些技术的应用，可以有效地回收和利用系统中产生的废热、废水等能源，实现资源的再利用，减少能源浪费，提高系统的能源利用效率。

能源回收装置是将系统中产生的废热、废水等能源进行回收和利用的关键设备之一。例如，利用热交换器和热能回收装置，可以将设备产生的废热转化为热水或蒸汽，用于供暖、生活热水等用途，从而实现能源的再利用。另外，通过安装余热发电装置，将设备产生的废热转化为电能，可以提高系统的能源利用效率，减少对传统能源的依赖。余热利用技术是将系统中产生的废热转化为有用能源的重要途径之一。例如，利用热能回收技术，将设备产生的废热用于加热水源或空气，用于生活供暖或工业生产过程中的加热需求。此外，通过余热利用技术，还可以将废热转化为机械能或电能，用于驱动其他设备或发电，实现能源的再生利用。利用能源回收装置和余热利用技术，可以将系统中产生的废热、废水等能源进行有效回收和利用，提高能源利用效率，减少能源消耗和环境污染，符合可持续发展的要求。这些技术的应用不仅有助于降低企业的能源成本，还有助于减少对传统能源的依赖，推动能源的可持续利用和环境保护工作。

（四）节能控制策略

开发和应用节能控制策略是提高电气控制系统能源利用效率的重要途径之一。通过合理的控制策略，可以优化系统的能源消耗，降低能源成本，减少对传统能源的依赖，同时降低系统对环境的负荷。

负载均衡是一种重要的节能控制策略。通过合理分配系统中各个设备的负载，可以避免某些设备过载运行而导致能源浪费，同时最大限度地发挥设备的工作效率。例如，对于多台电动机运行的系统，可以通过负载均衡控制策略，动态调整各台电动机的工作负载，使其运行在最佳工作状态，从而降低系统的能源消耗。节能运行模式是一种常见的节能控制策略。通过调整设备的运行模式和工作参数，可以实现系统在不同工作状态下的节能运行。例如，对于照明系统，可以采用智能照明控制技术，根据环境光线和人员活动情况，自动调节照明亮度和工作时间，实现节能运行。节能调度是一种有效的节能控制策略。通过对设备运行时间和工作周期进行调度和优化，可以避免设备在低负载或闲置状态下的能源浪费，实现系统能源消耗的最优化。例如，在制造业生产线的运行中，可以通过合理的生产调度和设备运行策略，实现设备的集中运行和间歇运行，减少设备闲置时间，从而降低能源消耗。开发和应用节能控制策略是提高电气控制系统能源利用效率的关键举措。通过负载均衡、节能运行模式和节能调度等策略的应用，可以实现对系统能源消耗的优化和调节，降低能源成本，减少环境负荷，实现可持续发展目标。

（五）能源管理与监控系统

建立完善的能源管理与监控系统是提高电气控制系统能源利用效率的重要手段之一。通过实时监测、分析和管理系统的能源消耗情况，可以及时发现并解决能源浪费和能源损失问题，实现对能源的精细化管理和控制。

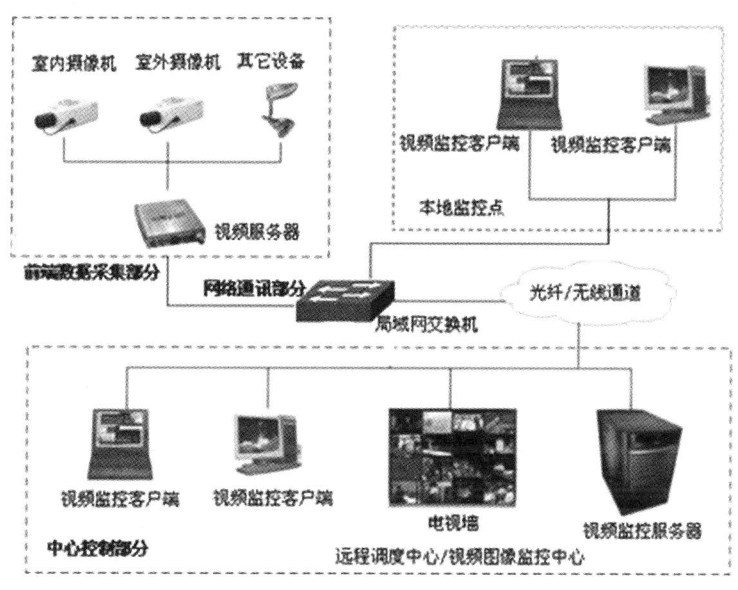

图 20　监控系统

建立能源管理与监控系统需要采用先进的传感器技术和数据采集技术，实时监测系统中各个设备和部件的能源消耗情况。这些传感器可以监测电气设备的能耗、工作状态、运行时长等关键参数，将数据传输至监控系统进行实时分析和处理。监控系统需要配备强大的数据分析和处理功能，能够对实时采集的能源数据进行深入挖掘和分析。通过大数据分析技术，可以识别出能源消耗的异常情况和潜在问题，发现能源浪费和能源损失的原因，为系统优化提供数据支持。建立能源管理与监控系统还需要实现对能源消耗情况的可视化展示和实时监控。通过可视化的界面，操作人员可以直观地了解系统的能源消耗情况，及时发现异常情况并采取相应措施。实时监控功能可以实现对系统能源消耗情况的即时监测，保障系统能源管理的及时性和准确性。建立完善的能源管理与监控系统还需要配备智能预警和报警功能。系统可以根据预设的能源消耗目标和阈值，设定报警规则，一旦发现能源消耗异常或超出预设范围，立即发出预警信号，提醒操作人员及时采取措施，避免能源浪费和损失。建立完善的能源管理与监控系统可以实现对电气控制系统能源消耗情况的实时监测、分析和管理，发现并解决能源浪费和损失问题，实现对能源的精细化管理和控制，从而提高系统能源利用效率，降低能源成本，促进可持续发展。

结束语

电气自动化控制方式研究是指对电气系统中的自动化控制方法和技术进行深入研究和探索，以实现对电气设备和系统的智能化、高效化控制。本书的研究旨在提高电气系统的性能、稳定性和可靠性，满足不断变化的工业和生产需求。

（1）电气自动化控制方式经历了从传统的机械控制到电气控制、电子控制再到计算机控制的演变过程。传统的机械控制方式受限于结构简单、功能单一等因素，无法满足现代工业生产的复杂需求。电气控制方式通过利用电气元件和电路实现对设备或系统的控制，提高了控制的精确度和灵活性。而电子控制方式则进一步引入了电子元件和数字信号处理技术，实现了对复杂系统的高效控制。最后，计算机控制方式则利用计算机实现对设备或系统的智能化控制，具有高度的自动化和智能化特点。

（2）随着科技的不断发展，电气自动化控制方式涌现出了各种新的控制策略和方法。例如，模糊控制利用模糊逻辑处理模糊信息，适用于一些非线性、不确定性强的系统控制；神经网络控制则模仿人脑神经元的工作方式，具有学习能力和适应性，适用于复杂系统的控制；遗传算法控制则通过模拟生物进化过程，寻找最优控制参数，适用于参数优化和系统优化控制。

（3）电气自动化控制方式的研究不仅局限于工业领域，还逐渐拓展到了生活、交通、能源等各个领域。在生活领域，智能家居系统通过电气自动化控制方式实现对家庭设备的智能化管理，提高了生活质量和便利性；在交通领域，智能交通系统通过电气自动化控制方式实现对交通信号、车辆和路况的智能控制，提高了交通运输效率和安全性；在能源领域，智能能源管理系统通过电气自动化控制方式实现对能源的智能监测和控制，提高了能源利用效率和减少了能源浪费。

综上所述，电气自动化控制方式的研究是一个不断创新和发展的过程，将为各个领域的发展带来新的机遇和挑战。

参考文献

［1］徐鹏．电气自动化控制方式的研究［J］．科技广场，2009（7）：2.

［2］武同乐．电气自动化控制方式的研究［J］．城市建设理论研究：电子版，2015，000（006）：762-762.

［3］岳威．关于电气自动化控制方式研究［J］．建材与装饰，2018（12）：1.

［4］庞莉琼．基于智能技术的水电厂电气自动化控制方法研究［J］．中文科技期刊数据库（全文版）工程技术，2021（10）：3.

［5］孙宾．关于电气自动化控制方式研究［J］．百科论坛电子杂志，2020，000（007）：1898-1899.

［6］邢敖．电气自动化控制方式研究［J］．未来英才，2017，000（024）：202-203.

［7］段镜威．电气自动化控制方式的研究［J］．工业A，2016（3）：166-166.

［8］徐鹏．电气自动化控制方式的研究［J］．科技广场，2009（007）：000.

［9］张婷婷．电气自动化控制方式分析［J］．工程技术研究，2017（3）075.

［10］施健生．关于电气自动化控制技术的探讨［J］．城市建设理论研究（电子版），2015，005（028）：1038.

［11］李修伟．基于冶金电气自动化控制技术特点与运用分析［J］．中外企业家，2018（32）：1.

［12］李渤．电气自动化控制方式的研究［J］．城市建设理论研究：电子版，2013，000（019）：1-4.

［13］王鹏．电气自动化控制方式的研究［J］．农村经济与科技，2016（18）：1.

［14］张博涵．电气自动化控制方式的研究［J］．中国新通信，2018，020（015）：243.

［15］葛乾．电气自动化控制方式的研究［J］．全文版：工程技术，2016，000（006）：204-204.

［16］周博．电气自动化控制方式的研究［J］．引文版：工程技术，2016（5）：236-236.
［17］高斌．电气自动化控制方式的研究［J］．城市建设理论研究（电子版），2016，006（008）：6771-6771.
［18］韩名晓．电气自动化控制方式的研究［J］．城市建设理论研究（电子版），2016，000（014）：1799-1799.
［19］李克楠．电气自动化控制方式的研究［J］．引文版：工程技术，2016，000（005）：227-227.
［20］王进．电气自动化控制方式的研究［J］．城市建设理论研究：电子版，2016，6（008）：6248-6249.